前 沿 科 技 视 点 丛 书

汤书昆 主编

通信科技

刘晨 王林 陈栋 编著

SPM 南方出版传媒

全国优秀出版社 全国百佳图书出版单位 广东教育出版社

·广州·

图书在版编目（CIP）数据

通信科技／刘晨，王林，陈栋编著. —广州：广东教育出版社，2021.8
（前沿科技视点丛书／汤书昆主编）
ISBN 978-7-5548-3467-1

Ⅰ.①通… Ⅱ.①刘… ②王… ③陈… Ⅲ.①通信 Ⅳ.①TN91

中国版本图书馆CIP数据核字（2020）第161148号

项目统筹：李朝明
项目策划：李杰静　李敏怡
责任编辑：李杰静
责任技编：佟长缨
装帧设计：邓君豪

通信科技
TONGXIN KEJI

广东教育出版社出版发行
（广州市环市东路472号12-15楼）
邮政编码：510075
网址：http://www.gjs.cn
广东新华发行集团股份有限公司经销
广州市一丰印刷有限公司印刷
（广州市增城区新塘镇民营西一路5号）
787毫米×1092毫米　32开本　5印张　100 000字
2021年8月第1版　2021年8月第1次印刷
ISBN 978-7-5548-3467-1
定价：29.80元

质量监督电话：020-87613102　邮箱：gjs-quality@nfcb.com.cn
购书咨询电话：020-87615809

丛书编委会名单

顾　　问：董光璧

主　　编：汤书昆

执行主编：杨多文　李朝明

编　　委：（以姓氏笔画为序）

丁凌云　万安伦　王　素　史先鹏　朱诗亮　刘　晨

李向荣　李录久　李树英　李晓明　杨多文　何建农

明　海　庞之浩　郑　可　郑　念　袁岚峰　徐　海

黄　蓓　黄　寰　蒋佃水　戴松元　戴海平　魏　铼

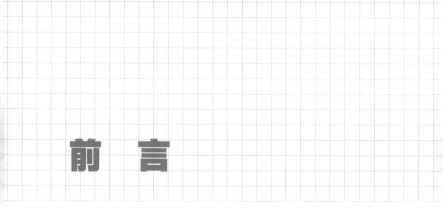

前　言

　　自 2020 年起，教育部在北京大学、中国人民大学、清华大学等 36 所高校开展基础学科招生改革试点（简称"强基计划"）。强基计划主要选拔培养有志于服务国家重大战略需求且综合素质优秀或基础学科拔尖的学生，聚焦高端芯片与软件、智能科技、新材料、先进制造和国家安全等关键领域以及国家人才紧缺的人文社会学科领域。这是新时代国家实施选人育人的一项重要举措。

　　由于当前中学科学教育知识的系统性和连贯性不足，教科书的内容很少也难以展现科学技术的最新发展，致使中学生对所学知识将来有何用途，应在哪些方面继续深造发展感到茫然。为此，中国科普作家协会科普教育专业委员会和安徽省科普作家协会联袂，邀请生命科学、量子科学等基础科学，激光科技、纳米科技、人工智能、太阳电池、现代通信等技术科学，以及深海探测、探月工程等高技术领域的一线科学家或工程师，编创"前沿科技视点丛书"，以浅显的语言介绍前沿科技的最新发展，让中学生对前沿科技的基本理论、发展概貌及应用情况有一个大致了解，以强化学生参与强基计划的原动力，为我国后备人才的选拔、培养夯实基础。

本丛书的创作，我们力求小切入、大格局，兼顾基础性、科学性、学科性、趣味性和应用性，系统阐释基本理论及其应用前景，选取重要的知识点，不拘泥于知识本体，尽可能植入有趣的人物和事件情节等，以揭示其中蕴藏的科学方法、科学思想和科学精神，重在引导学生了解、熟悉学科或领域的基本情况，引导学生进行职业生涯规划等。本丛书也适合对科学技术发展感兴趣的广大读者阅读。

本丛书的出版得到了国内外一些专家和广东教育出版社的大力支持，在此一并致谢。

中国科普作家协会科普教育专业委员会
安徽省科普作家协会
2021 年 8 月

目　录

第一章　通信的历史由来

　　人类相互之间进行通信的历史非常悠久。在几千年前，人们就学会用图符、钟鼓、烽火狼烟、驿马邮递、信鸽和竹筒和纸书等方式来传递信息。但这些信息的交换是非常原始的，它们大多依靠人的视觉或听觉完成。到了近代，随着人类科技的不断发展，特别是电报、电话的发明以及电磁波的发现，人类通信的方式发生了根本性的变革，人们不再靠那些低级、原始的方式来传递信息，而是借助金属线和通过空间存在的电磁波进行信息的传输，从而实现了只有在神话故事中才能出现的神奇现象——"顺风耳"和"千里眼"。从此,人类摆脱了听觉和视觉的限制,用电信号作为载体来传输信息,开启了人类通信的新时代。

人类发展到今天,各种更加先进的通信方式不断出现。如光纤通信、数字移动通信、计算机网络通信和量子通信等新的传输信息方式,不仅使人类相互之间的信息交流更加便利和快捷,更使整个地球变成了一个庞大的"地球村",极大地缩短了人与人之间的距离。

那么,人类通信的起源在哪里?在古代,人类又是如何通过原始的方式进行信息传递的呢?

1.1
通信的起源

翻开人类的历史，实际上人类之间的通信联络最早可追溯到远古时期。那时古人进行联络的方式很简单，是通过击鼓来传递信息的。比如，当时的非洲人就用一种圆木特制的大鼓将击鼓声传到几千米以外的地方，他们通过专门的"击鼓语言"和"击鼓接力"就可以用很短的时间将信息传到很远的地方。

在三千多年前，中国古人就开始了原始的通信联络。比如大家所熟知的"烽火台"，就是用"烽火"来传递边疆军事情报的。可以说它是原始的光通信。

除了烽火台，我国古代还有其他一些传递信息的方式。比如，利用鸟来传递信息，成语"鸿雁传

◆烽火台

书"的典故就是指这种传递信息的方式；再比如，通过来传递信息。《明史》中记载，李自成就曾当过负责传递朝廷公文的驿卒，后因丢失公文而被裁减回家。

此外，在唐朝时期，长安、岐州和成都一带还出现过旅舍备供旅客租用的"驿驴"。到了明代，又出现了专为民间传递信件的"民信局"。

◆苏州横塘古驿站

与此同时，西方也发展起了一些原始的通信方式，如长跑、灯塔和旗语等。

◆西方的灯塔

除了灯塔，西方还发展有通信塔。通信塔是18世纪法国查佩兄弟成功研制的一个通信系统。这个系统由架设在巴黎和里尔230千米之间的 16 个通信塔组成。这些塔顶上都竖有一根木柱，木柱上都安装着一根水平横杆。人们可以通过手使横杆转动，横杆在绳索的操作下摆动形成各种角度。水平横杆的两端还安装有两个可以移动的垂直臂。通过横杆，每个通信塔可以摆出多种不同的形状，邻近的人们可以用望远镜看到表示含义的信息。这样依次传下去，就可以将信息传递出去。在 18 世纪末的法国大革命中，人们通过通信塔传递了不少有用的信息。

旗语是一种利用手旗或旗帜传递信号的通信联络方法，多在船上使用。使用旗语通信已有 400 多年的历史，由于旗语通信十分简便，即使在通信技术已相当发达的现代，这种简易的通信方式依然具有生命力，并成为近程通信的一种重要方式。比如，现在的军舰上就多用旗语来保持舰队各舰之间的联络。在进行旗语通信时，可以把手旗或信号旗单独或组合起来使用，传递不同的信息。

以上所述人类通信方式的技术含量较低。实际上，人类在漫长的发展过程中，通信的方式和方法也在不断地变革，但一次比一次进步，一次比一次便捷。在人类的历史上，信息以及信息的传播方式主要经历了五次重大的变革，每一次都对人类的生活方式产生了巨大的影响。具体是哪五次呢？

1.2
通信的五次历史性变革

在人类的通信发展史上，共发生过五次重大的历史性变革，也被称为"五次信息技术革命"。

第一次信息技术革命是语言的使用，语言成为人类进行思想交流和信息传播不可缺少的工具。众所周知，在自然界中，生命间的交流方式是多种多样的，如通过肢体、形体、姿势、气味、形象等进行交流。有些昆虫，如蚂蚁主要通过触须相互交流信息，这是肢体的交流；天鹅求偶时的翩翩起舞是姿势的交流；发情期的母羊先散发气味，然后公羊根据其散发的气味来与母羊进行交配则是靠气味进行的交流。

而人类呢？人类还没有学会用语言来进行相互交流之前，是不会用嘴巴来说话的，因此只能靠肢体动作、简单的叫声等来相互交流。

但随着人类的不断进化，人与人之间的协同劳动增多，想法交流也逐渐增多，而当利用简单的肢体动作和叫声已不能够表示其想表达的内容和意义时，语言便诞生了。因此，是劳动产生了语言。

通过语言，人与人之间相互交流的信息得以形成，可以说语言的产生是人类历史上最伟大的信息技术革命，它是由猿进化到人的一个重要标志，它产生的意义不亚于人类开始制造生产工具和人工取火。

第二次信息技术革命是文字的出现和使用。文字的出现使人类对信息的保存和传播取得了重大突破。从此之后，信息的保存与传播就超越了时空的限制。

◆动物之间的信息交流

由于人们容易遗忘，仅靠记忆，人与人之间交流所产生的信息会逐渐消失，无法长期保存。为了克服这一缺陷，使信息能长期地存储下来，人类就创造了一些符号来表示语言。经过长时间的发展，这些符号逐渐演变成文字，并固定了下来。

第三次信息技术革命是印刷术的发明和使用。从此之后，书籍、报刊等成为信息储存和传播的重要媒体。在中国古代四大发明中，造纸术和印刷术就与第三次信息技术革命有着密切的联系。为什么这么讲呢？

◆ 文字脱胎于图画

比如纸张，人类在古代时期，为了保存和传递信息，就把文字刻或写在龟甲、兽骨、竹简、陶器或青铜器等上面。但这些方式书写比较麻烦，而且不易携带。

后来虽出现了可以书写、携带方便的布帛，但其价格昂贵，无法被广泛使用。纸张的发明使人与人之间的通信联络变得更加快捷便利。可以说，纸张的发明对人类通信的发展产生了深远的影响。纸张的发明和应用，使得人类在通信中信息的记录、传播和继承有了革命性的进步。

◆ 龟甲上的文字

美国学者德克·卜德曾说："纸对后来整个西方文明进程的影响，无论怎样估计都不会过分。"

蔡伦在总结前人造纸技术的基础上，采用树皮、麻头、敝布、破渔网等原料，经过挫、捣、抄、烘等工艺制造出了质量较好的植物纤维纸。这种纸原料广，成本低，便于书写。为了纪念蔡伦的功绩，后人将这种纸叫作"蔡侯纸"。

如果说造纸术的发明是书写材料的一次革命，那么印刷术则为知识的积累和传播提供了更为可靠的保证。

在印刷术发明之前，信息的传播主要靠手抄的书籍，但手抄费时、费力，且容易抄错抄漏，从而阻碍了信息的交流和文化的发展，给文化的传播带来了不应有的损失。而印刷术方便灵活，省时省力，为信息的传播、文化的发展带来了新的动力。印刷术是中华文化的重要组成部分，它随着中华文化的诞生而萌芽，也随着中华文化的发展而演进。

古代的印刷术分为雕版印刷术和活字印刷术。雕版印刷术最早发明于唐朝，并在唐朝中后期普遍使用。宋仁宗时，毕昇发明了活字印刷术，标志着活字印刷术的诞生。雕版印刷术是利用一整块板子印一页书，如果雕刻错一个字，整块板子就毁了。而活字印刷术则是利用一个个可以活动的小方块字拼成的版面来印刷。如印一页书，只需将一个个小方块对应拼版，然后去印。活字可重复使用，灵活性较大，可以有效地节约成本、减少工人的负担，故比雕版印刷具有优越性。

◆ 活字印刷

印刷术是人类近代文明的先导，它为知识的广泛传播和交流创造了条件。

第四次信息技术革命是电报电话、广播、电视的使用，它使人类进入利用电磁波传播信息的时代。电报是一种最早用电的方式来传送信息的即时远距离通信方式。电话则是通过电信号来双向传输语音的一种通信设备。随着电话、传真等通信技术的普及应用，电报已

◆ 电报机

很少有人使用了。

广播、电视是通过无线电波或导线来传播声音、图像和视频的传播媒介。只传播声音的称为广播，既播送图像又传播声音的称为电视。

第五次信息技术革命是计算机与互联网的使用，即国际网络的出现。人类社会到了第五次信息技术革命后，与中国人的联系就更加密切了。始于 20 世纪 60 年代的第五次信息技术革命，其标志是电子计算机的普及应用以及计算机与现代通信技术的有机结合——互联网的普及应用，其最显著的成就当属光纤通信和量子通信。

人类发明光纤通信距今已经有 50 多年了，在这期间，光纤通信技术得到了突飞猛进的发展。我们的日常生活已经离不开光纤通信，我们常用的手机、电脑等都与光纤通信密不可分。

而被人们称为"光纤通信之父"的不是别人，正是华裔物理学家、教育家，香港中文大学前校长高锟。

1966 年，高锟发表了一篇题为《用于光频的介质纤维表面波导》的研究论文，他创造性地提出了用一种石英玻璃制作的光学纤维（简称"光纤"）来传输信息，用以替代传统的电缆的设想和方法，开创了通信行业的新篇章。从此，人类通信的方式发生了根本性的变化，高锟本人也因此获得了 2009 年度诺贝尔物理学奖。

◆高锟与光纤通信

随后短短几十年，光纤通信技术迅猛发展，遍布全球，并且以每小时增加数千公里的速度在不断扩展。

与此同时，量子通信技术也得到飞速发展，并开始实用化进程。2012年，中国科技大学潘建伟院士团队在国际上首次成功实现百公里量级的自由空间量子隐形传态和纠缠分发。2016年8月16日1时40分，也就是光纤通信发明五十周年的那一年，世界上首颗量子科学实验卫星"墨子号"在我国酒泉卫星发射中心搭载长征二号运载火箭成功发射升空，它在世界上首次实现卫星和地面之间的量子通信。这一事件引起了全球各界人士的广泛关注。

一时间，人们对量子通信、光纤通信产生了浓厚的兴趣，纷纷利用网络等各种渠道来了解光纤通信和量子通信的相关知识，并对它们产生了很多的疑惑，如量子通信是什么，为什么量子通信如此神奇，光纤通信又是什么，等等。

在第五次信息技术革命发展的过程中，两位重量级人物——高锟和潘建伟，分别对光纤通信和量子通信的诞生、发展做出了开创性的工作，为人类的通信事业作出了不可磨灭的贡献。

以上所述，我们不难发现，中国人特别是古代的中国人，对人类科学技术的发展贡献是很大的。据

◆中国"墨子号"量子卫星与地面站通信试验照片

1975 年出版的《自然科学大事年表》记载，明代以前，世界上重要的创造发明和重大的科学成就大约有 300 项，其中中国约有 175 项，占总数的 57% 以上。英国剑桥大学凯恩斯学院院长李约瑟博士研究后指出：在上古和中古时代，中国科学技术一直保持着一个让西方望尘莫及的发展水平，中国科学发现和发明远远超过同时代的欧洲，已被证明是形成近代世界秩序的基本因素之一。难怪美国科学院有一位科学家曾感慨："中国古代科学的伟大成就，我们美国人很难想象。"

1.3
通信的基本概念

信息

什么叫信息？从理论上讲，信息是指在自然界和人类社会中存在的一切事物运动的一种状态和方式，它是物质所固有的一种属性。

自然界由物质、能量与信息三大要素组成。物质、能量和信息遍布宇宙的任何一个角落。

关于信息，控制论的奠基人维纳则认为：信息就是信息，不是物质，也不是能量。

也就是说，信息与物质、能量是有区别的。同时，信息与物质、能量之间也存在着密切的联系。

只要事物之间的相互联系和相互作用存在，信息就会发生。人类社会的一切活动都离不开信息，信息早就存在于客观世界之中。只不过人们首先认识的是物质，然后认识的是能量，最后才认识信息。

美国哈佛大学的研究小组提出了著名的资源三角形。他们指出：没有物质，什么都不存在；没有能量，什么都不会发生；没有信息，任何事物都没有意义。

作为资源，物质为人们提供各种各样的材料，能量为人们提供各种各样的动力，信息为人们提供各种各样的知识。

◆资源三角形

物质、能量、信息的关系

那物质、能量、信息三者之间究竟是什么关系？

物质是能量的载体，物质和能量统一于爱因斯坦的质能方程 $E=mc^2$。这里 m 是质量，c 是光速常量，是一个恒定的数值，为 3×10^8 米 / 秒。

信息既不是实体物质，也不是能量，但信息可以用来描述物质和能量，将其表征化。用来描述物质的信息可以是物理量，也可以是化学量。例如，质量、化学符号表达式、功能和用途等，这些都是信息；物理学中的定律、化学反应中的方程式和公式等也可理解是信息所含的内容。

老子在《道德经》中写道："人法地，地法天，天法道，道法自然。"这里的道可以被认为是"宇宙大道"或"自然规律"。可以这样说，人们所认识的自然界的规律就含在自然之中，自然规律是自然界这个物质、能量、信息的统一体中所包含的内容。

我们看到的万事万物都存在物质和能量，而宇宙中万事万物之间又都存在着相互作用和相互联系。这种相互作用和相互联系主要靠信息。比如，太极图是物质、能量和信息的载体，因为太极图表述的就是整个宇宙。所以，人类社会中的一切都离不开信息。

自然界中遵循质量守恒和能量守恒定律。任何变化，包括化学反应、核反应等都不能消除物质，即不能改变物质质量，只能改变物质的原有形态或结构。

所以，人们又把这两个定律称为"物质不灭定律"。

能量是可以相互转换的，且能量转化的形式是多样的，比如机械能、电能、化学能、内能、光能等能量形式之间的转化。在转化过程中，一种形式能量的减少，必有另一种形式能量的增加，总的能量保持恒定不变。因此能量是不能被创造或者被消灭的，因为能量是守恒的。

而信息是否也守恒呢？著名科学家霍金对宇宙中的黑洞现象作过这样的解释：信息应该守恒——黑洞并非会对其周边的一切物质"完全吞食"。事实上，被吸入黑洞深处的物质，它的某些信息可能在某个时候被释放出来，这就是"信息守恒"。

信息守恒，即流进系统里的总信息量必然等于从系统中流出的信息之和再加上系统内部信息量的变化，且信息可以从一种状态转变成另外一种状态，这就是信息之间的转换及守恒。

人类社会不断认识自然、探索自然的过程就是认识各种事物之间联系的过程，质量守恒和能量守恒的统一也是源于信息的统一。可以说，信息是人类知识的脐点，信息是一切物质的内存密码，破解了信息就掌握了世界的奥秘！

通信

信息具有可传递性和可识别性两个重要特征。正因为信息可传递，人类才发明出许多种信息的传递方式，从而提高人与人之间沟通和交流的效率。而由于信息可识别，因此人类才可以加以辨别区分。

信息传递是指人们通过声音、文字、图像或者动作等方式传输消息的过程。信息传递研究的是什么人、向谁说什么、用什么方式说、通过什么途径说、达到什么目的等问题。

为了实现通信，信息传递过程中一般含有以下三个基本环节。

第一个环节是传达人必须要把信息译成接收人能懂的语言或图像等；第二个环节是接收人要把信息转化为自己所能理解的解释，也就是读懂传达人所要传达的信息；第三个环节是接受人对所发来的信息进行反馈，向传达人表明对发来信息的反应。

这三个环节不断地循环进行，以达到人与人之间的相互沟通。当然，第三个环节也可无须反馈。

由此我们得出通信的概念：通信指的是信息通过某一种中介从一端传输到另一端的过程。通俗地讲，通信就是人与人之间通过某种行为或媒介进行的信息交流与传递。而通信所传递的信息既可以是声音、文字，也可以是图像和数据等。

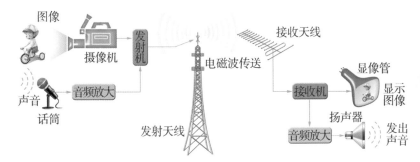

◆ 通信系统

香农与信息论

香农被称为是"信息论之父"，是信息论的创始人，其在1948年10月发表于《贝尔系统技术学报》上的论文《通信的数学理论》被认为是现代信息论研究的开端，奠定了信息论的基础。

◆ 香农

香农，美国数学家，信息论的创始人，1916年4月30日出生于美国密歇根州。他的父亲是州里一个小镇的法官，母亲是镇里的中学校长，祖父是一位农场主兼发明家，曾发明许多的农业机械。据说，香农还与大发明家爱迪生有远亲关系呢！

香农与其他科学家不同，他主张博采众长，强调知识面要宽。他之所以能开拓信息论这一领域，与这一点有密切的关系。香农在麻省理工学院获得电气工程硕士学位，其硕士论文题为《继电器与开关电路的符号分析》，这篇论文被认为"可能是 20 世纪最重要最著名的一篇硕士论文"。

香农关于信息的理论主要讨论和解决了哪些问题呢？

（1）什么叫信息？信息如何度量？

（2）在给定的信道中，信息传输有没有极限？

（3）信息是否可以被压缩？或者恢复？极限条件是什么？

（4）如果我们从实际环境中提取信息，极限条件又是什么？

（5）如何设计一个系统来达到上述的极限条件？

关于信息的概念问题，香农指出："信息是事物运动状态或存在方式的不确定性的描述。"

在这里举个例子：电脑彩票是由 8 个十进制的数字组成，在开奖之前，我们并不知道特等奖号码信息。因为特等奖的号码是不确定的，只有等开奖后方可知晓。但一旦开奖，我们就获得了 8 个十进制的信息。

那么，如何获得信息？

我们讲，有些消息对我们是未知的，有些消息对我们是已知的，而我们更感兴趣的则是未知的消息。

因此当我们将未知的消息变成已知的消息的时候，我们就获得了信息，即信息寓于不确定之中。因此，在研究信息是如何被获得的过程中，香农用了以下通信系统的模型来进行表示。

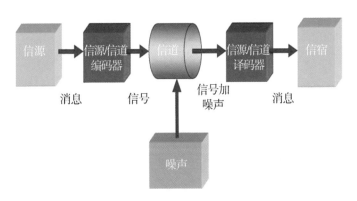

◆香农通信系统模型

其中，信源是产生消息之源，信道是信息传输和存储的媒介，信宿是消息的接收者。

信息的度量

信息既可以产生，也可以消失，还可以被携带、储存及处理，因此信息是可以量度的，信息量有多少之分。信息量的多少与事件发生的概率有关，概率越小，事件含有的信息量就越大。比如，人类可以前往火星居住，所含有的信息量就非常大。

香农的信息论是通信技术的理论基础。香农在一篇论文中写道："通信的基本问题就是在一点重新准确或近似地再现另一点所选择的消息。"

《通信的数字理论》建立了信息论这一学科，给出了通信系统的线性示意模型，随后，通信业中才考虑用电磁波将信息转化为 0 和 1 的比特流发送到信道中，人们才可以进行图像、文字、声音等信息的传输。

很快，香农的理论在通信业中大获成功，大大推动了信息技术的快速发展。可以说，《通信的数学理论》是香农在数学与工程研究上的顶峰，而他对通信的最大贡献是把通信理论用公式化的方法加以解释。我们应该感谢这位伟大的科学家！

第二章　电报、电话、广播和电视

　　电报可分为有线电报和无线电报。有线电报是通过电缆电线来传输信号，而无线电报则通过空间电磁波来传输。1835年，来自美国的莫尔斯发明了有线电报机，从而开创了电通信的时代。英国数学物理学家麦克斯韦提出的电磁场理论预言了电磁波的存在，推动了电报由有线通信到无线通信的转变。到了1895年，来自意大利的马可尼成功进行了无线电波传播信号的实验。

在互联网时代，我们已经很少用电报了。虽然在20世纪70—80年代，我们还经常用到，但是电报对于年轻的一代已经非常陌生。

那么，在人类历史上，第一个使用"电报"这个名词的人是谁呢？是法国的查佩兄弟。1793年，查佩兄弟在巴黎和里尔之间架设了一条长约30千米的线路。这条线路是由16个信号塔组成，并采取接力的方式来传递信息。当时，法国正和奥地利交战，法国人正是运用了查佩兄弟所架设的通信线路，只用了一个多小时，就把胜利的消息从前线传到了首都巴黎。

莫尔斯

有线电报机的发明者莫尔斯是一位画家，而且曾是美国画家协会的主席。大家可能有点疑惑，怎么发明电报的人是画家，而不是科学家或工程师呢？

按照中国人的说法，"三十不学艺"，就是说人一旦过了三十岁，就很

◆有线电报机发明者莫尔斯

难再去学一门手艺或者转行学别的手艺。这句古话在大部分情况下是对的，毕竟人过了三十岁，智力、精力和体力大不如前，所以不宜重新学习一门技能。但世界上任何事情都不是绝对的，凡事都有例外，而莫尔斯发明电报就是最好的明证。

莫尔斯在四十岁之前主要以绘画为生，并且是一

名成功的画家，而他发明电报实属偶然。

1832 年 10 月 1 日，一次偶然的旅行途中，莫尔斯在一艘名叫"萨丽号"的邮轮上，遇见了改变他人生轨迹的一个人。这个人是一位美国医生，名叫杰克逊。杰克逊不仅是名医生，还是一名电学博士，热衷于电学研究。而此次旅行就是杰克逊参加完巴黎的一次电学研讨会后的回国之旅。就在这艘邮轮上，杰克逊应邀在这艘船上给乘客们作了一场关于电磁原理的演讲。这次演讲的内容深深激起了莫尔斯的好奇心，他当时就想：既然电的传播速度有那么快，那我们为什么不能利用电磁铁在有电和没电时的不同反应来传递信息呢？

从此，莫尔斯人生轨迹和生活重心就发生了根本性的转变，莫尔斯放弃了他前半生的绘画事业，专心致志地研究起电报这一新的事业来。因为他坚信：总有一天，他能用电磁铁产生的电流来传输电磁信号，能瞬间将信息传递到遥远的地方。

抱着这种信念，莫尔斯开始了他发明电报的人生。刚开始，莫尔斯可以说是对电学一窍不通，于是他就向当时著名的电磁学专家亨利请教，虚心学习电学知识，并且把自己原来的工作室改成了实验室，开始了长期的研究工作。

四年之后，他终于做出了电报机的雏形！可惜的是，第一次试验以失败告终。当时，当莫尔斯充满希望地将这台雏形电报机接上插头试验时，磁针却纹丝不动，这是怎么回事？

莫尔斯一筹莫展，无奈开始逐个检查电报机的零部件和电路。在专家的帮助下，莫尔斯终于发现了问题所在，并对电报机加以改进。

1837 年，莫尔斯发明了一种传递信息的电报符号——莫尔斯电码。之后，其研制的电报机实现了500 米范围内传递文字信息的功能。

莫尔斯电码

莫尔斯电码其实从原理上讲很简单，从电学原理上讲，一旦电流截止产生，就会出现火花现象。所以出现火花是一种状态，可用一种符号表示，没有火花的状态用另一种符号表示，而长时间没有火花状态再用另一种符号表示，这样就有了三种符号来表示各种火花的状态。如果我们把三种符号加以组合，就可以表示 26 个英文字母和 0~9 这 10 个阿拉伯数字了。

用哪些符号来代替字母和数字呢？

莫尔斯冥思苦想，他画了许多符号：点、横线、曲线、正方形、圆形等，最后决定用点、横线和空白这三个符号来担当信号传递的任务。这就是莫尔斯电码，也是人类电信史上最早的编码。

莫尔斯电码是莫尔斯成功制造电报机的关键，因为只用点、横线和空白这三个符号传递信号的电报机结构十分简单，更易制作。

莫尔斯电码

（1）一点的长度是一个单位。

（2）一画等于三个单位。

（3）在一个字母中点画之间的间隔是一点。

（4）两个字母之间的间隔是三点（一画）。

（5）两个单词之间的间隔是七点。

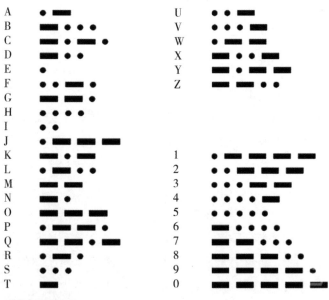

◆ 莫尔斯电码

为在实践中检验电报机的性能，莫尔斯计划在华盛顿和巴尔的摩两个城市之间，架设一条数十千米的线路。可莫尔斯的积蓄基本用完了，只好求助于美国国会。还好，在莫尔斯的说服下，美国国会经过长时间的激烈讨论，终于通过了资助莫尔斯实验的议案，答应资助他3万美元来帮助完成电报长途收发试验。

◆莫尔斯发的第一份电报的电报机

1844年5月24日，是值得人类永远纪念的一天。这一天，在华盛顿国会大厦联邦最高法院会议厅里，莫尔斯亲自进行了电报收发试验。

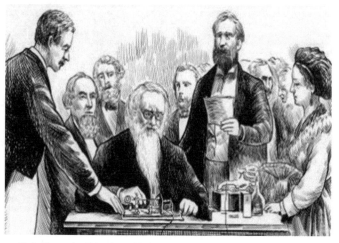

◆莫尔斯正在进行电报收发试验

随着莫尔斯按动电报机按键所发出的断断续续的"嘀嘀"声,莫尔斯的一名助手在另一座城市巴尔的摩准确无误地收到了莫尔斯所发出的电文。

电文的内容只是短短一句话:"上帝创造了何等奇迹?(What hath God wrought?)"

这是人类历史上的第一份电报。

也就在同一天晚上,莫尔斯异常兴奋,彻夜未眠。他在给他兄弟写的一封信中,详细地解释了为什么自己要用《圣经》里的这一句话来作为第一份电报内容的缘由。在这封信中,他是这样写的:

"当一项发明竟创造了如此的奇迹,而它又曾经如此备受怀疑。可是,最终从幻境中走出,成为活生生的现实时,没有比这句虔诚的感叹语更为恰当的了。"

毋庸置疑,莫尔斯对人类的贡献是巨大的,他开创了电传输信息的时代!

为了纪念这位为人类作出了杰出贡献的电报发明人莫尔斯,在1872年4月2日莫尔斯逝世后,纽约市民在中央公园为他建造了一座雕像。

◆莫尔斯雕像

但美中不足的是，莫尔斯所发明的电报机需要事先架设漫长的线路，即他所发明的电报是"有线电报"。因此，这种电报在使用时一定会出现造价高、维护不方便、费时、费力、费钱等问题。

因此，人类在出现有线电报的同时，就开始呼唤无线通信时代的到来。而这个时代被后来的著名科学家麦克斯韦所开创。

为什么这么讲呢？

2.2
麦克斯韦与电磁场理论

在人类历史上，麦克斯韦创立了电磁场理论，建立了描述电磁波特性的麦克斯韦方程组，这些科学成就直接促使了后来无线通信的出现。

◆麦克斯韦

麦克斯韦

麦克斯韦是英国著名的数学物理学家和电磁家，在科学界与牛顿和爱因斯坦齐名。

在人类物理学史上，出现过三次大综合，麦克斯韦就占据其一。具体是哪三次大综合呢？

第一次是牛顿，他把天上和地上的运动规律加以统一，建立了万有引力定律，从而实现了人类物理学史上的第一次大综合。

第三次是爱因斯坦，他提出了狭义相对论和广义相对论。他晚年曾试图建立统一场论，想把所有的力都统一起来，从而实现物理学史上第三次大综合。但遗憾的是，由于历史的局限性，爱因斯坦未能如愿。

而第二次则是麦克斯韦，他建立了电磁场理论，把电和光有机地统一起来，从而实现了物理学史上第二次大综合。

因此我们说，麦克斯韦的电磁场理论的重要性是无法形容的。

可以这样讲，如果没有他的电磁场理论，就没有今天的收音机、电视机、手机、电脑等电器设备，也就不可能有现代文明的产生。

言归正传，麦克斯韦 1831 年 6 月 13 日出生于苏格兰的爱丁堡。也就是在这一年，法拉第发现了电磁感应现象；而后来麦克斯韦逝世的那一年，爱因斯坦诞生了；此外，麦克斯韦还与电话发明者贝尔是同乡。这一连串巧合的事件，为麦克斯韦以及人类文明的发展增添了不少神秘的色彩。

麦克斯韦年少的时候，就显示出与众不同的才华。在他 15 岁那年，他就向爱丁堡皇家学院递交了一篇学术论文，并在这个全国最高学术机构的学报《爱丁堡皇家学会学报》上，发表了第一篇论文。据说，这篇论文的内容只有大数学家笛卡尔研究过，但他的研究方法与笛卡尔有所不同，并且比笛卡尔的研究方法还要简单。

据说麦克斯韦在爱丁堡大学读书期间，有一次，他指出课上一位老师讲的公式有错误。起初那位老师还不相信，并对麦克斯韦说："如果你说的是对的，我就把它称作麦氏公式！"结果那位老师晚上回家后，一验算，发现果然是自己错了。

由此可以看出，麦克斯韦是非常聪明的一个人！

当然，光有聪明才智还是不够的。如果没有他父亲的科学启蒙，他后来在电磁学方面也不能取得如此高的成就。

麦克斯韦的父亲是一位机械设计师，他对麦克斯韦的一生影响非常大。麦克斯韦成年后，之所以能创立麦克斯韦电磁场方程组，主要得益于他的数学天赋。通过发挥他的数学天赋，麦克斯韦在全面审视了库仑定律、毕奥—萨伐尔定律和法拉第的电磁感应定律的基础上，把数学分析方法带进了电磁学的研究领域，从而实现了电磁学理论的突破与飞跃。而他父亲正是最早发现他的这种关键面，并引导他走上数学物理之路的关键人物。

在麦克斯韦小时候，有一天，他父亲叫他画一个插满菊花的花瓶，麦克斯韦画完后就交给了父亲。当他父亲打开一看，发现这哪是花瓶啊。在他给麦克斯韦的纸上，涂满了各种各样的几何图形，花瓶被画成梯形，菊花被画成大大小小的圆圈，而叶子则画成各种形状的三角形。

但从这件事上，麦克斯韦的父亲却敏锐地发现了麦克斯韦在几何学乃至数学上的天赋。于是，他父亲开始教麦克斯韦几何学和代数的知识，从此，麦克斯韦与数学结下了不解之缘。

由此我们可以看出，家庭教育对一个孩子的成长有多么重要！教育成功的一个重要方法，就是因材施教。

试想一下，如果当初麦克斯韦的父亲没有注意到麦克斯韦的数学天赋，不尊重他的兴趣爱好，而一味地强迫他学画画，恐怕麦克斯韦的一生过得并不满意，后来成长起来的就不是著名的数学物理学家。

扬长避短永远是一个人成功的秘诀，因为每个人都不是十全十美的。

当然光有他父亲的启蒙，麦克斯韦也不可能取得日后的科学成就。在他的一生中，遇到了两位贵人，那么这两位贵人又是谁呢？

麦克斯韦的"贵人"

第一位贵人是剑桥大学的教授，著名数学家霍普金斯。霍普金斯非常厉害，培养出不少的科学人才，比如大名鼎鼎的威廉·汤姆森·开尔文勋爵和著名数学家斯托克斯等。

当麦克斯韦在剑桥大学上学时，有一天，霍普金斯前往剑桥大学图书馆借书，他想借一本数学专著来看。让霍普金斯感到诧异的是，这本书竟然被别人借走了。要知道，这本数学专著一般大学生是不可能看懂的，就连大学数学老师也很难看懂。是什么人把这本书借走的呢？出于好奇，霍普金斯就去问图书馆管理员。管理员告诉他是一个名叫麦克斯韦的学生借走的。霍普金斯感到这个学生不一般，就亲自登门探访了这个年轻人。当霍普金斯走进麦克斯韦的房间时，麦克斯韦正伏案做读书笔记。霍普金斯一拿起他的读书笔记，就发现了一个问题，并对麦克斯韦提出了自己的忠告："小伙子，如果没有秩序，你永远成不了优秀的物理学家。"

那么霍普金斯发现麦克斯韦存在什么问题呢？原

来麦克斯韦当时刚上大学不久，对什么都很好奇，什么都感兴趣，什么书都看，学的东西非常杂，导致注意力不集中、精力分散，并在读书笔记上记了太多的知识点，显得杂乱无章。所以，霍普金斯才提出了自己的忠告。

正是霍普金斯这一句话，点醒了麦克斯韦。从此，麦克斯韦在霍普金斯的指点下，克服了过去杂乱无章的学习方法，并在数学领域突飞猛进，用不到三年的时间就掌握了当时最先进的数学方法。麦克斯韦一入门就把数学和物理学这两门科学有机地结合起来，这为他日后完成电磁场理论奠定了基础。

霍普金斯曾这样评价麦克斯韦："在我教过的全部学生中，毫无疑问，他是最杰出的一个！"

第二位贵人就是前文提到的著名科学家法拉第。

据记载，法拉第的数学功底不深，物理理论水平也有限，但他有一个突出的优点，就是动手能力非常强，做实验的功夫了得。后来，法拉第根据实验数据等实验资料写了一本书，名叫《电学实验研究》。

◆法拉第

整本书几乎都没有任何理论和数学公式，以至于一些科学家不承认法拉第的学说，认为他只是一个实验员，只是记录了一些实验数据，根本谈不上科学。

但麦克斯韦不这样认为。当时麦克斯韦已经在剑桥大学毕业并留校任教，有一天，他读到了《电学实验研究》一书，马上就被法拉第的实验和见解所吸引。他觉得这本书非常有价值，因此他希望通过自己的数学才能来弥补这本书在理论和公式上的缺陷。

奠定电磁场理论的三篇论文

随后的几年，麦克斯韦经过努力，完成了奠定电磁场理论的三篇论文。

第一篇电磁学论文是《论法拉第的力线》。这篇论文是在麦克斯韦24岁那年发表的。在这篇论文中，麦克斯韦运用数学方法，把电流周围存在力线的现象概括成一个方程，并取得了圆满的结果。法拉第看到这篇论文后，却并不满意，并对麦克斯韦说："你不应该停留在只用数学来解释我的观点上，你应该突破它。"

第二篇电磁学论文是《论物理的力线》。这篇论文是在法拉第的指引下，麦克斯韦于1862年在英国《哲学杂志》上发表的。在这篇论文中，麦克斯韦将各种描述电磁现象的定律整合为麦克斯韦方程组。

第三篇电磁学论文是《电磁场的动力学理论》。这篇论文是麦克斯韦于1865年在《伦敦皇家学会学

◆ 麦克斯韦方程组

报》上发表的。在这篇论文中，他对之前提出的麦克斯韦方程组进行了完善，并大胆断定光是一种电磁波。

电磁波是一个庞大的"家族"，人们依据它们的频率或波长，给这个"家族"编制了一个"家谱"——电磁波谱。

电磁波"家族"成员众多，每个成员的波长或频率范围各不相同，又各有自己的特性，因此，电磁波的应用十分广泛。

麦克斯韦的这一推断，揭开了光的奥秘。

1865 年，麦克斯韦辞去了皇家学院的工作，并回到家乡，专心致志地完成电磁学专著《电磁学通论》。

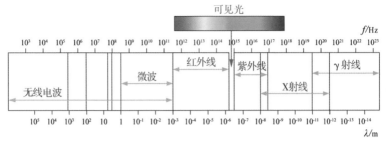

◆ 电磁波"家族"示意图

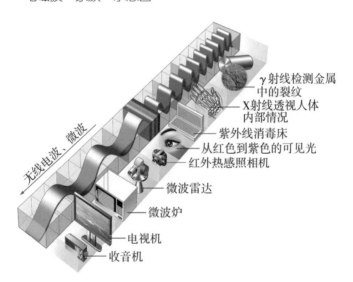

◆ 电磁波应用示意图

　　《电磁学通论》是一本电磁学理论的经典著作，这部著作价值非常大，从科学的角度讲，完全可以与牛顿的《数学原理》、达尔文的《物种起源》相比拟。遗憾的是，麦克斯韦于 1879 年因病逝世，年仅 48 岁。他生前并没有得到任何荣誉。直到他去世多年后，科学家赫兹才终于用实验证实了电磁波的存在，此时人们才意识到麦克斯韦的伟大，并公认麦克斯韦为"牛顿之后世界上最伟大的数学物理学家"。

讲了这么多，大家要问了，麦克斯韦的电磁学理论到底对日后的人类通信有哪些帮助呢？

麦克斯韦对人类的最大贡献就是预言电磁波的存在，并对电磁学作出了数学的定量描述。这些对日后人类利用无线电技术——无线通信产生了重大而深远的影响。例如，1895 年马可尼成功进行了无线电波传播信号的实验，主要就是利用了麦克斯韦电磁学理论。

2.3
无线通信

马可尼与无线电

意大利发明家马可尼被称为"无线电之父"，因其对无线电发展的贡献，于 1909 年获得诺贝尔物理学奖。

◆ 马可尼和无线电报设备

据马可尼的传记记载，马可尼是在他父亲的蓬切西奥庄园里通过试验发明了无线电报（系统）的。马可尼痴迷于研究如何利用电磁波向空中发送信号。经过不懈努力，他终于利用自己设计的一种简陋装置成功地实现了远距离的信号传播。随后，他便成立了马可尼无线电报有限公司，专门进行无线电报的业务。

1901 年，马可尼在英格兰和加拿大的纽芬兰之间进行了一次远距离信号传输——无线电联络，这次试验成功地接收到了电波信号。

在人类近代的通信历史中，除了发明有线、无线电报外，人类还发明了电话。电话不仅使人们之间的联系变得更加便利，更拉近了人们之间的"距离"。电话的发明，加快了人类信息传递的速度，推动了社会的发展，使我们的生活变得更加丰富多彩。那么，发明电话的又是谁呢？他是如何发明电话的？

贝尔与电话

电话的发明者叫贝尔，他原来是苏格兰人，出生于 1847 年，24 岁时移居美国，不久就加入了美国国籍。贝尔是波士顿大学语言生理学教授，他的妻子是一个聋人，曾是贝尔的学生。

当时，贝尔的很多朋友都希望贝尔能发挥所长，研究电报技术。但贝尔对此却并不感兴趣，他一心只想完成自己的心愿：研制出能传递人声音的仪器。

一次偶然的机会，贝尔在为聋哑人做"可视语言"的实验时，发现了一个有趣的现象：当电流出现流通或截止时，螺旋线圈就会发出噪声，这种噪声就像电报机发送莫尔斯电码时所发出的"嘀答"声一样。贝尔马上联想到：我们可不可以通过改变电流的强度来模拟人在讲话时声波的变化，从而可以像电报机一样输送人所发出的声音信号，这样人不就可以用电传送声音了吗？

随后贝尔刻苦用功地研究电学。在万事俱备只缺合作者时，他偶然遇到了 18 岁的电气工程师沃森，他俩整天关在实验室里设计方案并制作装置。

在 1875 年 5 月的某一天，贝尔和沃森终于研制出两台粗糙的样机，但在进行试验时却不能通信。贝尔和沃森经过反复检查后，依然找不出问题所在。问题出在哪儿呢？贝尔百思不得其解。

贝尔正站在窗前冥思苦想：为什么样机不能进行正常的通信呢？忽然，远处传来了清脆而又深沉的吉他声。噢！对了，想起来了，应该制作一个音箱来提高声音的灵敏度，这样不就解决问题了吗！

1875年6月2日，他们对带有音箱的样机进行了试验。贝尔在实验室里，而沃森在隔着几个房间的另一头。贝尔一面调整机器，一面对着送话器呼喊。忽然，贝尔一不小心把硫酸溅到自己的腿上，他情不自禁地大声喊道："沃森先生，我需要你，请到我这里来。"这句话由电话机电线传到沃森耳中，沃森兴奋地从那一头冲了过来，两人紧紧地拥抱在一起。当天夜里，贝尔怎么也睡不着，他半夜爬起来，给他的母亲写了一封信，信的大意是这样的：

"今天对我来说，是个重大的日子。我们的理想终于实现了，未来的通信生活会像自来水、煤气一样进入家庭，人们各自在家里不用出门，也可以进行交谈了。"

1878年，贝尔在相距约300千米的波士顿和纽约之间进行了第一次长途电话试验，并获得成功。从此，电话很快在北美各大城市流传开来，并逐渐演变成我们现在的电话。

2.4
广播和电视

电话的发明，让人们实现了远距离通信的愿望，但这种通信的方式是"点对点"。换句话说，如果我用这台电话与你通话，这期间就无法与其他人通话。同样地，我与你通话时，其他人也无法与你通话。

因此，如果我们利用电话传给多个人同一条信息，那么我们就只能一次一次地拨打电话，重复说着同样的事情。

显然，这种传播信息的方式是缺乏效率的。因此，如同三千多年前点起烽火预警一样，人们一直没有放弃探索"一对多"式传播信息的方法。

1865 年，麦克斯韦预言了电磁场以电磁波的形式传播; 1888 年，赫兹证实了电磁波的存在; 1895 年，马可尼成功进行了无线电波传播信号的试验：这一系列伟大的科学突破为广播的问世奠定了坚实的基础。

广播的问世

第一次世界大战期间，信息传播在战争中的重要作用愈加突出，参战各方都投入了足够的资源，并开始广泛使用无线电通信及无线电话。第一次世界大战结束后，这些通信设备与技术逐步转为民用，并建立了广播电台。

1920年11月2日，由美国匹兹堡西屋电气公司开办的KDKA广播电台首次播音成功，它是第一个获联邦政府所发的实验执照的广播电台，也是公认的世界上第一个商业电台。

◆ KDKA广播电台

随着无线电技术的不断成熟，广播电台也迅速发展起来。1922年起，英国、法国、德国、苏联陆续开办了广播电台。到了1925年，正式开办广播电台的国家已经超过20个。到了第二次世界大战期间，广播不仅在战场上发挥了巨大作用，还广泛用于宣传、动员等。在战争最艰难的时刻，人们还可以在广播中听到丘吉尔的演讲，了解战争的动态。在美国，罗斯福更是通过广播，用"炉边谈话"的形式，使人们同仇敌忾、克服困难，最终取得反法西斯战争的伟大胜利。第二次世界大战结束后，一些亚洲、非洲、拉丁美洲的国家在独立后， 也迅速发展广播电台，从此人类广泛传播信息的愿望成为现实。

电视的问世

与此同时，能满足人类更直观的图像信息需求的电视技术也在不断发展中。

19 世纪末，人们开始研究设计传送图像的技术。1884 年，德国尼普科夫发明机械圆盘扫描方法。到了 20 世纪初，经过多年的技术积累后，英美等国家开始进行电视应用试验。

1925 年 10 月 2 日，英国科学家约翰·洛吉·贝尔德制造出了第一台能传输图像的机械扫描式电视摄像机和接收机，这就是电视的雏形。

约翰·洛吉·贝尔德出生于英国苏格兰的海伦堡，大学毕业后就职于一家电气公司，后来因身体原因，不得不辞职在家。尽管如此，他依旧有着自己的追求。受马可尼远距离无线电发明的鼓舞与启示，他尝试实现"用电传送图像"。起初，他采用图片和硒板进行实验，但多次实验后，仍无法传递活动的图像。怎样才能得到活动的图像呢？为解决这个问题，贝尔德倾其所有，不仅花掉所有积蓄，更是找亲戚借钱。因为进展并不顺利，在经费紧张时，贝尔德只能利用身边一切可用的材料以节省经费，如洗手盆、破箱子、废物堆里的电动机、黄板纸等。贝尔德用胶水、细绳及电线将这些材料连接在一起，当做自己的实验装置。为了做成传播图像的装置，贝尔德把要发送的图片分成许多有亮有弱的点，用电信号的形式把这些点发送出去，再在接收端让它们重现。

历经成百上千次的实验后，他终于在 1925 年 10 月 2 日将自己的玩偶比尔的图像传输到隔壁房间的影像接收机上。

虽然在十多年后，贝尔德的电视技术被性能更好的电气和乐器工业公司的全电子系统所赶超，但他在逆境中不断钻研的精神和为电视技术发展所做出的成就依旧被世人所敬仰，并被世人誉为"电视之父"。

有了伟大的先驱，电视的发展就步入了快车道。1927 年，美国的全电子式电视通过有线网络成功地把图像和声音从华盛顿传到纽约。第二年，英国用机械和电子混合方式成功开展无线播出试验，并于1930 年实现了声像同时播出。1933 年，美国人兹沃雷金发明了具备光电转换和电子扫描双重功能的摄像管，又将电视广播向实际应用推进了一步。与此同时，

◆ "电视之父"贝尔德

◆ 我国第一台电视机

德国、法国、苏联、日本等国家都进行了电视广播试验研究。1936年11月，英国正式开办电视广播。

第二次世界大战结束之后，和平和发展成了世界的主题，电视广播的发展迎来了春天。如今电视已经走入千家万户，成了大家获取信息的重要来源。

在这一章中，我们主要讲述了电报、电话和广播电视的发明历程。下一章我们将继续了解光纤通信的故事。

第三章　光纤通信

　　前面，我们了解了通信的由来。这一章，我们将了解现代通信的工具——光纤通信及其发明历程和应用，以及背后一些鲜为人知的故事。

　　什么是光纤？什么是光纤通信呢？光纤通信与电报电话相比，又有哪些优点呢？

3.1
光纤及光纤通信

光纤

光纤是光导纤维的简称，是一种利用光在玻璃或塑料制成的纤维中运用全反射原理而达成的光传导工具。

光纤技术其实是一种既简单又古老的学问，在现代社会中，光纤得到了极为广泛的应用，比如，我们在医院做胃部检查时使用的胃镜，街边小贩叫卖的玻璃丝光纤玩具等，这些都是光纤的应用，且所基于的原理都是光的全反射。

光的全反射

要想知道什么是光的全反射，我们首先得知道什么是介质的折射率。

某种介质的折射率是指光在真空中的传播速度与光在介质中的传播速度之比。光在真空中的传播速度是最快的，而水虽然是透明的，但光在水中的传播速度要比光在真空中的传播速度慢一些。因此，水的折射率大于 1（其他介质的折射率也大于 1）。科学家们将具有较高折射率的介质称为光密介质，而将具有较低折射率的介质称为光疏介质。

　　当光线经过两个不同折射率的介质时，部分光线会在介质的界面处发生折射。也就是说这部分光线"逃出"了原先的介质，进入了另一种介质中。而其余的光线则会在原先介质的界面处被反射，也就是说这部分光线并没有"逃出"当前的传输介质。但是，当入射角大于一定角度时，光的折射现象就消失了，不会再有光从当前介质中"逃出"，所有光线都会在介质的界面处被反射回来。这一现象就是全反射现象。

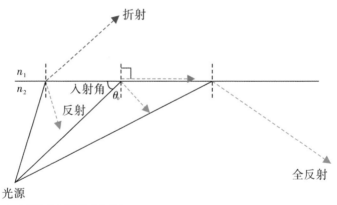

◆ 光的全反射示意图

　　在上图中，n_1 代表光密介质，n_2 代表光疏介质。当光线以小角度射入介质时，光线会发生折射和反射两种现象。但当光线以大角度射入介质时，折射就会消失，此时只会发生反射。即当光线射到两种介质的分界面时，只产生反射而不产生折射的现象，就叫光的全反射。

在日常生活中，我们经常能看到，当光线从空中射向水中时，返回到原来介质空气中的光称为反射光，射入另一种介质水中的光称为折射光。一般情况下，光在两种介质的分界面上，若同时出现反射光和折射光，这时我们称没有发生全反射。而当满足一定的外界条件时，有可能发生这样一种奇异的现象，即光全部返回到原来的介质空气中，没有任何光进入另一种介质水中，即这时没有折射光，只有反射光。这时，我们称发生了光的全反射现象。

比如，当我们用手托起一个装满水的玻璃杯时，透过杯子，我们有可能看不到玻璃杯底部的手指。为什么呢？

这是因为发生了光的全反射。手指反射的光通过玻璃杯里的水时只发生了反射，而没有发生折射，这样人就无法通过玻璃杯里的水看到玻璃杯后面的手指。

在一个水缸中，用一束光照射到水的分界面上时，就会发现，当光线的入射角大到一定程度时，光就不会溢出水面，在水缸上面就看不到光了！

这就是光的全反射！神奇吧！

光纤通信就是根据光的全反射原理来实现信息传输的。

由于光发生全反射，因此光在光纤内部传输时，

不会逸出光纤。这样，利用光的全反射，我们可以从光纤的一端输入一个光信号，进行长距离光纤传输。而且这种传输方式能

◆ 光的全反射实验

量损失非常小，除了被玻璃、塑料等材料吸收的能量，几乎没有什么能量被损耗掉。这样，长距离的光信息传输就有可能发生，且不至于因为信号的衰减而消失。因此，在光纤的另一端，我们就可以接收到信号。

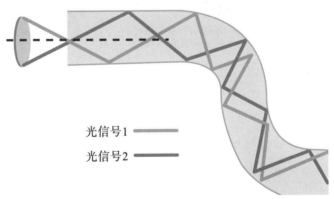

光信号1 ————

光信号2 ————

◆ 光在光纤中的传播

当激光束以大角度（大于临界角）射入玻璃棒时，光束就产生了全反射现象。光束在光纤中不断被反射

前行，直至到达光纤的另一端。

光纤的结构简单，主要由中间的纤芯和外围的包层两部分组成。纤芯和包层都是由玻璃或塑料制成，但材料不同，折射率不同。根据粗细，光纤可以分为单模光纤和多模光纤。

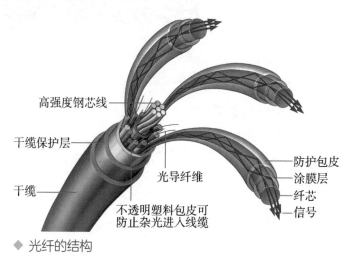

高强度钢芯线

干缆保护层

干缆

光导纤维

不透明塑料包皮可
防止杂光进入线缆

防护包皮
涂膜层
纤芯
信号

◆ 光纤的结构

光纤通信

光纤通信是利用光波，主要是激光作载波，以光纤作为传输媒质将信息从一处传至另一处的通信方式，也被称为"有线光通信"。光纤通信从以往的光通信中脱颖而出，已成为现代通信的主要支柱之一，在现代电信网中起着举足轻重的作用，是信息社会各种信息网的主要传输工具。

那么光纤通信是由哪些元件组成的？它的优点或特点又是什么？

3.2
光纤通信的特点及组成

光纤通信的独特优点：

（1）传输信息容量大。一条光纤通路可同时容纳数十人通话，可同时传送数十套电视节目。

（2）并行量大。光纤可同时接通100亿路电话，而一对金属电话线至多只能同时传送1000多路电话。

（3）耗材少。铺设1000千米的电缆大约需要500吨铜，而改用光纤只需几千克的石英。

（4）原料多，价格低廉。在自然界中沙石就含有石英，而沙石遍地都是，因此几乎可以说是取之不尽，用之不竭的。

由此我们可以看出，光纤具有非常优异独特的性能。光纤是一种传输媒介，它可以像一般铜缆线一样，传递电话通话或电脑数据等信息。然而与电缆不同的是，光纤传送的是光信号，而不是电信号。光纤的发明是 20 世纪人类最重要的发明之一，也是改变世界的十大发明之一。

　　光纤通信系统主要由光发射机、光接收机、光纤线路、光中继站和各种无源光器件组成。

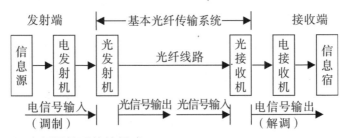

◆ 光纤通信系统的组成

　　在光纤通信系统中，用光纤传输信息的过程大致如下：

　　在发射端，电发射机可以把用户要传送的信号（如声音）转换为电信号，然后光发射机再发出随电信号变化而变化的光信号，这个过程也叫调制。

　　被调制的光信号经过光纤传送到远处的接收端后，先是被光接收机（内含光探测器）接收，再由电接收机转换为电信号。这个过程叫解调。通过解调，我们可以将电信号变成用户能够理解的信息（如声音）。

　　光源——通常我们采用半导体激光器（LD）及其光电集成组件。

光纤——在短距离传输时，一般采用多模光纤；在长距离传输时，一般采用单模光纤。

光探测器——主要用 PIN 光敏二极管或雪崩光敏二极管（APD）及其光电集成组件。

调制器——有两种，一种是使光信号的发光强度随电信号变化的直接调制器；另一种则是光源发出连续不断的光波后，再通过一个外调制器来实现发光强度变化的调制器。

同电线传输有能量损耗一样，光在光纤中传输时光强也会减弱。因此，就像在电缆通信中有电中继站一样，光纤通信也需要中继站，从而放大光信号的程度，这种中继站称为光中继站。

3.3
光纤通信发展历程

2009 年诺贝尔物理学奖授予了三位科学家，高锟是其中之一。

高锟获诺贝尔奖是因为他在"有关光在纤维中的传输以用于光学通信方面"取得了突破性的成就。

从得奖理由不难看出，光纤并不是由高锟发明的，严格地说，"光纤之父"这一称号授予高锟似乎不太适合。一般认为，高锟是"光纤通信之父"，而非"光纤之父"。

谁是"光纤之父"呢？

1842 年，丹尼尔·克拉顿发表了一篇名为《光线反射于一个抛物线形状的水柱内》的文章，首次描述了"光导管"装置。

1870 年，英国物理学家丁达尔在其出版的书籍中写道：全内反射特性是光的自然属性，光线从空气射入水中以及从水中射入空气时不同。当光线由水中射入空气时，如果角度大于 48°（与法线之间的夹角，这一角度的精确值是 48°27'），那么光线将无法"逃出"水面，光线会在界面处被完全反射。

日常生活中，人们发现，光不仅能沿着从酒桶中喷出的细酒流传输，还能顺着弯曲的玻璃棒前进。这是为什么呢？

难道光线不再直线前进了吗？这些现象引起了英国物理学家丁达尔的注意。丁达尔经过研究，发现这是水全反射的作用。由于水等介质密度比周围的物质

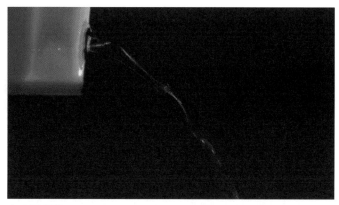

◆ 光导管

（如空气）大，即光从水中射向空气，当入射角大于一定角度时，折射光线消失，全部光线都反射回水中。表面上看，光好像在水流中弯曲前进。实际上，光还是沿直线传播的。后来人们造出一种透明度很高、像蜘蛛丝一样细的玻璃丝——玻璃纤维。当光线以合适的角度射入玻璃纤维时，光就沿着弯弯曲曲的玻璃纤维前进。由于这种纤维能够用来传输光线，所以被称为"光导纤维"。

　　为了给公众展示光的全反射这一特性，1870年的一天，丁达尔到皇家学会的演讲厅讲解光的全反射原理。他做了一个简单的实验：在装满水的木桶上钻一个孔，然后用灯从水桶上方把水照亮。结果令观众大吃一惊，水桶的小孔里流出了会发光的水，水流弯曲，光线也跟着弯曲。光居然被弯弯曲曲的水俘获了。

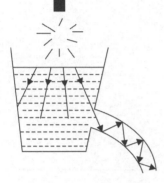 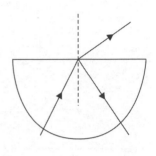

◆ 丁达尔光的全反射实验示意图

　　1884年，丹尼尔·克拉顿制造了一台"始祖级"的光内反射演示器。在这个演示情景中，水是"光密介质"，空气是"光疏介质"，光在"全反射"效应的作用下被引导入了下面的水盆中——光的前进路线"弯曲"了。

　　在1950年左右，在伦敦皇家科

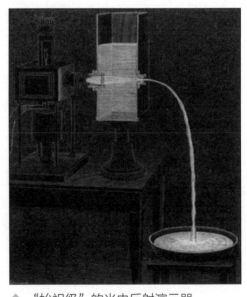

◆ "始祖级"的光内反射演示器

学技术院工作的卡帕尼研究出了带有包层的光纤，这是光纤发展史上的一个重大突破。卡帕尼研究出的光纤与我们今天所使用的光纤结构基本一样。其核心部分有两层结构，最中心部分是纤芯，是一根极细的且折射率稍高的玻璃；在纤芯周围的是包层，覆盖的也是一层玻璃，只不过这层玻璃的折射率要略低于纤芯。这一结构在"全反射"效应的作用下，光线的传输就可以实现了。正是因为这一突破性的成就，卡帕尼被人们称为"光纤之父"。

光纤的应用

光纤最早被应用于医学上的内窥镜和早期电视图像传输中。但由于最初的玻璃纤维在光纤传输方面的表现难以令人满意，所以人们一直没有将光纤运用于通信领域。

直到 1963 年，日本科学家西泽润一提出了使用光纤进行通信的概念，但也只是提出一个概念，离实际应用还相差甚远。此外，西泽润发明了激光二极管，这对光纤通信的发展起到了非常大

◆ 西泽润一

的推进作用。在 1964 年，西泽润一发明了渐变折射率光学纤维，这种使用半导体激光器的光纤可在一个通道中实现低损耗的长距离传输。

人类虽发明了光纤，但其应用与发展并非一帆风顺。如果没有高锟的光纤通信理论和实践，人类也不会出现现在庞大的光纤通信网。历史给了高锟这样一个机会。

20 世纪 60 年代初期，高锟开始研究如何将光纤作为通信介质。他指出，衰减率的产生除了因为玻璃本身含有杂质以外，更重要的是因为光纤本身的一些根本物理效应。这一研究结果于 1966 年发表，并首次提出：建议使用玻璃纤维来实现光通信。这一概念（尤其是实现光通信的基础结构和材质方面的观点）很大程度上描绘了当今光纤通信的概貌。

1966 年 7 月，高锟在英国电机工程师学会的学报上，登载了一篇题为《光频率介质纤维表面波导》的论文，从理论上分析、证明了用光纤作为传输媒体以实现光通信的可能性，并预言了制造通信用的超低耗光纤的可能性。他首次提出：当玻璃纤维的衰减率低于 20 dB/km 时，光纤通信即可成功。但是当时的光纤制造技术对于衰减率的控制仅能达到 1000 dB/km。

在接下来的研究中，高锟指出，高纯度的石英玻璃是制造可用于实现光通信的光纤的首选材料。高锟的这些观点对未来整个通信产业所起到的影响是革命性的。

在光通信发展的历史中，高锟扮演过很多重要的角色。为了能让更多人认识到光通信技术的重要性，他不仅奔走于工程界，还奔走于商业领域。他拜访过著名的贝尔实验室，也去过单纯的玻璃加工厂。为了改进光纤加工工艺，他与不同的人包括工程师、科学家、商人等进行探讨。

1970 年，康宁公司最先生产出了衰减率低于 20 dB/km 光纤成品，成品达到了 17 dB/km 的衰减率。几年后，他们就生产出了衰减率仅为 4 dB/km 的光纤。如此低损耗的光纤被广泛应用于电信领域，同时也使互联网的发展与普及成为可能。

从最初的理论概念到真正可实现光通信的产品，光纤通信的发展前前后后经历了 100 多年的时间。当 100 多年前的科学家发现并论述光的种种特性时，也许很难想象就是这些特性使人类的沟通方式发生了革命性的改变，以至于深远地影响了整个人类社会的发展进程。

没有高锟的研究成就也许就不会有今天人人都在使用的互联网。光纤通信所解决的问题其实非常简单——远距离高速传输海量数据，但没有它，长途通信和互联网将只会是个空想。

3.4
"光纤通信之父"高锟

高锟，1933年出生于上海，父亲是一名律师，家住在法租界，曾就读于上海世界学校。这所学校创立于1936年，是一所专门培养出国留学生的预备学校。这所学校的董事会成员都赫赫有名，如蔡元培、张静江、吴稚晖等。另外，这所学校还出了不少名人，比如孙中山的孙女孙穗芳博士，我国食品毒理学学科创始人、中国工程院院士陈君石教授等。

高锟在这所上海世界学校一直念到初中一年级，到1948年才随家移居香港，就读于香港圣若瑟书院，中学毕业后考入香港大学，后前往英国留学，并在伦敦大学获得哲学博士学位。

高锟在他童年和少年时代就显示出与众不同的才华。比如在童年时，他就勤于思考，勇于实践，对化学很感兴趣，还曾经自己制造过灭火筒、焰火、烟花等。最惊险的是，他还自制过炸弹，幸亏没有出事。长大后，他又迷上了无线电，还成功地组装了一部真空收音机。

高锟能对光纤通信作出巨大贡献，不光凭着他的聪明才智，更凭他良好的品行和性格。

（1）高锟对真理的追求非常执着，近乎固执。

1966年，高锟提出了用玻璃代替铜线来进行通信的大胆设想。对他的这一设想，许多人都认为是匪夷所思，甚至有人认为高锟精神有问题。但高锟并不气馁和妥协，坚持认为自己的观点是正确的。高锟曾对此感慨道："所有科学家都应该固执，都要觉得自己是对的，否则是不会成功的。"由此可以看出，如果高锟没有这种坚持真理的精神，是不可能有如此成就的。

（2）高锟具有良好的品格。

在同事、学生的眼中，高锟是一个随和、亲切的老师。在担任香港中文大学校长期间，他因长着一张"娃娃脸"，经常被学生误以为是"同窗"。

（3）高锟是一个淡泊名利的人。

发明光导纤维后，高锟几乎每年都获得国际性大奖。由于光纤技术的专利权是属于雇用他的英国公司的，因此他并没有从中得到很多财富，他不想计较。然而，高锟却以一种近乎老庄哲学的态度认为自己发明的成功是因为运气，他已经

◆ 高锟铜像

心满意足了。

时光倒流到一百多年前，没有人会想到普通的玻璃会将全世界的人都联系到一起。光纤通信改变了世界，也改变了人类的日常生活。高锟的名字将随着光纤通信一起，在人类的历史长河中，留下一个深深的脚印，人类会永远感激这位伟大的科学家。

3.5
光纤通信的应用

自光纤通信问世以来，发展迅猛，短短五十多年，就以其独特的优越性和巨大的传输带宽成为当今最主要的信息传输方式。如今，光纤通信在所有信息传输领域都获得广泛的应用，如各种网络。

（1）公用网：长途干线系统（国际、一级、二级）、移动网等。

（2）专用网：铁道、电力、军事、石油、高速、金融、公安等。

（3）广电网：HFC 图像传输。

（4）计算机网：MAN、WAN、FRN 等。

（5）用户接入网：FTTC、FTTB 等。

光纤通信在军事上的应用

今天的军事通信若脱离了光纤技术就不能称为现代化军事通信技术，并且将在未来战争中处于极为不利的地位。美国军用的信息高速公路快速发展，已成为全球领军国家。美国参谋长联席会议曾颁布一个框架文件，其主要内容就是针对美军 21 世纪通信与协同作战的问题。美国想构建一个"信息球"的全球通信网，用于实时军用通信。

光纤通信在军事上的应用主要包括三个方面：

（1）战略和战术通信的远程系统。

（2）基地间通信的局域网。

（3）卫星地球站、雷达等设施间的链路。

具体体现在光纤遥控地面车、光纤遥控飞行器、光纤军用机器人等各种设备上。

◆ 光纤机器人

光纤通信在通信行业上的应用

目前在通信行业中，以光纤作为介质进行的光纤通信已占有非常重要的位置。例如，本地通信、国际通信（越洋光缆）、城域通信等重要通信行业的传输媒介都以光纤为主。

然而，光纤通信应用发展历程并非人们想象的那样顺畅，也曾发生过很多次的变革。纵观其发展历史，光纤通信系统经历了四次的变革。

第一代光纤通信系统是在1973—1976年研制成功的一种多模光纤系统。

第二代光纤通信系统于1976—1982年研制成功，可以传送中等码速的数字信号。

第三代光纤通信系统是目前正处于大规模实用化的系统，其中继距离可达30~50千米。

第四代光纤通信系统目前还处于实验室研制阶段，但它可以使光纤的损耗降得更低。

目前，人们开始涉及第五代光纤通信系统的研究和开发，第五代系统也被称为"光孤子通信系统"。光孤子通信系统具有超长距离的传输能力，其应用潜力巨大。但是，光孤子通信系统目前尚处于研究开发阶段，离实用化还有不小的距离。

在这四次的变革中，也含一些重要的时间节点，

◆ 光纤

分别是：

（1）1970 年，光纤研制取得了重大突破。美国康宁公司研制成功衰减率低于 20 dB/km 的石英光纤，从此光纤通信可以和同轴电缆通信竞争。而世界各国也相继投入大量的人力、物力，从而将光纤通信的研究开发推向一个新阶段。

（2）1973 年，美国贝尔实验室研制的光纤衰减率降低到 2.5 dB/km。1976 年，日本电报电话公司等单位将光纤衰减率降低到 0.47 dB/km。在之后的十年中，光纤衰减率降为 0.154 dB/km，接近了光纤最低损耗的理论极限。

（3）1976 年，美国在亚特兰大进行了世界上第一个实用光纤通信系统的现场试验。实验系统采用 GaAlAs 激光器作为光源，多模光纤作为传输介质，传输距离约 10 千米。这一试验是光纤通信向实用化迈出的第一步。

综上所述，要发展光通信，最重要的问题就是要寻找到适用于光通信的光源和传输介质。1970 年，光纤和激光器这两个科研成果同时问世，拉开了光纤通信的序幕。因此，人们把 1970 年称为光纤通信的"元年"。

伴随着光纤通信在国外的发展，中国也开始了光纤通信的研制。早在 20 世纪 70 年代，国外低损耗的光纤获得突破以后，我国在 1974 年就开始了低损耗光纤和光通信的研究工作，并于 1979 年分别在上海和北京两地建成了市话光缆通信试验系统。这只比世界上第一次现场试验晚两年多，我国因此成为当时世界上少有的几个拥有光纤通信试验系统的国家之一。20 世纪 80 年代，我国掌握的光纤通信关键技术已达到国际先进水平。从 1991 年开始，我国已不再设立长途电缆通信，取而代之的是大力发展光纤通信。

其中值得一提的是光纤通信专家、中国工程院院士、华中科技大学博士生导师赵梓森。

赵梓森院士是我国公认的光纤通信技术的主要开拓者，他为我国光纤通信技术的发展和应用推广做出了一系列填补空白的开拓性工作，被誉为"中国光纤之父"。

◆ "中国光纤之父"赵梓森

　　1973 年，当时世界光纤通信尚未开始实用化，武汉邮电科学研究院就开始研究光纤通信技术。由于当时的中国正处于十年动乱时期，国外关于光纤及光纤通信的技术基本无法加以借鉴，必须得自己去摸索、去研究，因此研究的难度非常大。

　　改革开放后，上海、北京、武汉和桂林等地先后研制出光纤通信试验系统。1982 年，中华人民共和国邮电部重点科研工程"八二工程"在武汉开通，该工程被称为"实用化工程"，使我国光纤通信向实用化迈进了一大步。从此，中国的光纤通信进入实用化阶段。

　　可以说，我国光纤通信的发源地在武汉，因为那里有"中国光纤之父"赵梓森，也是国内首次成功研制光纤与光纤通信实用化的所在地。

在20世纪30年代，曾有人提出过这样一个观点：总有一天，光通信会取代有线和微波通信而成为通信主流。放眼当下，这个预言早已成为现实。光纤通信已不只局限于陆地，其通信光缆早已广泛铺设到了大西洋、太平洋海底，这些海底光缆使得全球通信变得更加简单便捷。

光纤通信为什么这么重要？我们来看一个形象的比喻就知道了。

高速路越宽，能容纳的汽车就越多，出现阻塞的现象就越少，汽车跑得就越快。这是常识！同样地，信息高速公路要想使各种数据在高速传送过程中都不发生阻塞，那么信道的频带是越宽越好。这就相当于马路越宽，通信的容量就越大。而光纤则当仁不让地成为信息高速公路的"马路"。

现在在实验室里，用一对只有头发丝十分之一粗细的光纤就可以在1秒之内将几百本杂志的容量传送到世界上的任何一个角落，或同时传送10万路电视节目，或同时通1200万路电话。试想一下，如果将十几根或上百根光纤绑在一起，其通信的容量该有多大！

讲到这，光纤通信这一章就要结束了！光纤通信改变了我们的生活方式，让我们的日常生活更加便利，让人与人之间的联系变得更加紧密，让整个地球变成了一个庞大的"地球村"。

第四章　互联网

　　在城市的写字楼里，你会看到这样一幅画面：人们坐在电脑前，打开 QQ 等即时通信软件就可以和自己的同事交流工作中的问题。如果需要某份文件，通过网络，人们也可以很快得到。如果工作中遇到了问题，人们还可以打开浏览器，到网上寻求解答，在论坛中浏览他人的看法或是博客里博主的日志。若出差在外，无法到现场参加会议，此时人们还可以选择视频会议，虽然人不在现场，但也可以即时听到现场的声音、看到参会现场的人物和情景。若中午休息，人们还可以打开音乐软件，在线听一听音乐，放松一下疲劳的身心。以上种种，都要归功于互联网。互联网大大方便了我们的工作和生活，它让人们之间的交流变得简单快速，让人们可以获取大量的信息。

那么什么是互联网？它的起源和历史是什么？它给我们的生活又带来了怎样的变化？

4.1
互联网的起源

互联网（Internet，也称因特网），它以一定的规范协议，让大量的主机、不同类型的网络连成一个整体，这样分散在世界各地的信息库就连接在了一起，大量的资源和信息在互联网上实现了共享。

互联网的起源，需要追溯到 20 世纪 50 年代末，当时正处于美苏冷战时期。美国担心一旦自己的军事指挥中心受到苏联的攻击，整个军事部署就都将陷入混乱，这样的后果是非常严重的。中国有一个词语叫"狡兔三窟"，就是说兔子害怕被自己的天敌捕获，往往有多个藏身之处，这样就可以大大地提高安全性。美国当时的想法也与此类似，他们把一个集中的指挥中心分散出去，分成彼此间利用通信协作的多个指挥系统。即使其中一些指挥系统被摧毁，其他的指挥系统依旧可以正常指挥工作。1969 年，美国国防部高级研究计划局把四台军用主机连接起来并实现了彼此之间的通信。这就是最早 ARPANET，简称"阿帕网"。它是计算机网络发展中的一个里程碑，也是互联网的前身。

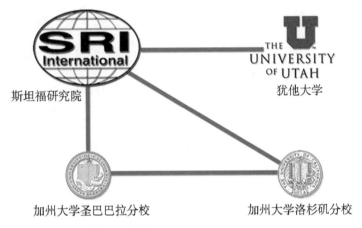

斯坦福研究院

犹他大学

加州大学圣巴巴拉分校

加州大学洛杉矶分校

◆ 阿帕网最初的四个节点

　　阿帕网的核心思想就是去中心化，让原本由中央控制的系统变成分布式的网络系统。网络系统上的每条信息被分割成固定大小的信息包发送出去，每个包上又表明了来自哪里，去往何处，通过网络之间的接口来传递这些信息包，从而实现通信。

　　那最开始的四台主机是如何连接在一起的？要把这些主机连接在一起，需要一个中间媒介，即集线器或者交换机。集线器能连接多台计算机，可以把一台计算机发来的信号整形放大后再转发给所有与其相连的计算机。交换机也是如此，与集线器相比，其优点是每一对计算机在通信时能单独占据信道，进行无冲突数据传输。多台计算机连接到集线器或交换机上就可以构成一个简单的计算机网络。

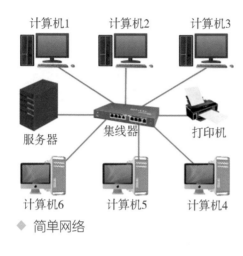

计算机1　　　计算机2　　　计算机3

服务器　　　集线器　　　打印机

计算机6　　　计算机5　　　计算机4

◆ 简单网络

到了 20 世纪 70 年代，阿帕网已经拥有了几十个计算机网络，并逐渐从一开始的军方专用转向学校和商业部门。到 1981 年，阿帕网已经拥有了 94 个节点，分布在 88 个不同的地方。一个节点可以是工作站、网络或个人计算机，这些节点与阿帕网相连，形成一定的几何关系。

阿帕网虽然在不断扩大，但也遇到了瓶颈。这些网络只能实现内部互通，不同的计算机网络之间不能互通。为此，美国开始大力研究把这些不同的计算机局域网互联起来。研究人员称这种网络为 Internetwork，简称 Internet，这个名词一直沿用到现在。

这和中国的一个历史事件很相似，那就是秦始皇统一货币。公元前 221 年，秦始皇灭掉了六国，建立了统一的封建中央集权国家。但是，由于战国时期的群雄割据，各国有各自的货币制度，导致货币种类达到一百多种，货币之间的转换非常困难。这使得各国货币只能在本国流通，一旦出国就无法使用。因此在秦始皇统一六国之后，统一货币的政策能够使得各地的经济连成一个整体，从而大大加强了民族之间的经济交流。

不同地区网络的互联也是如此。若我们所使用的计算机不同、字符集不同，那么彼此之间的命令就互不相识。好比一个人只会说英语，另一个人只会说中文，双方都听不懂对方在说什么，交流就会出现障碍。因此，计算机之间的交流也需要同一种"语言"。而这个"语言"就是TCP/IP协议（传输控制协议/网际协议）。1983年，TCP/IP协议正式成为阿帕网上的标准协议，这一年也被认为是互联网的诞生时间。

4.2
TCP/IP 协议

为了使不同局域网之间可以相互通信，人们开始在阿帕网的基础上研究实现网络互连的方法。1973年，卡恩与瑟夫开发出了TCP/IP协议中最核心的两个协议：TCP协议（传输控制协议）和IP协议（网

际协议）。1974 年 12 月，卡恩与瑟夫正式发表了
TCP/IP 协议，并对其进行了详细的说明。同时，为
了验证 TCP/IP 协议的可用性，他们尝试让一个数据
包在一端发出，并经过近10万千米的旅程后，顺利
到达服务端。在这次传输中，数据包一个字节也没有
丢失，这充分说明了 TCP/IP 协议的成功。APPA 在
1982 年接受了 TCP/IP 协议，并把其军用计算机网络
都转换到 TCP/IP 协议之下。1984 年，TCP/IP 协议
得到美国国防部的肯定，成为多数计算机共同遵守的
一个标准，这正是 TCP/IP 协议的产生过程。

什么是协议？

简单地说，协议就是计算机之间通信前达成的一
种约定。这种约定可以实现不同厂商的设备、不同
CPU（中央处理器）及不同操作系统组成的计算机之
间的通信。

协议是由人制定的，会有所不同，而 TCP/IP 同
样拥有一套自己规范的协议。假如有一个人事管理软
件，一端是存储数据的计算机——服务端，一端是给
公司管理者或员工使用的计算机——客户端。现在这
两台计算机之间相距几千米，若想让两台计算机进行
交流就需要一个协议。对于客户端的不同请求，如查
找某个员工的信息、增加一个员工信息或浏览所有员
工的信息等，服务端就需要作出不同的回应。

客户端要查找某个员工的信息，要先发送一个查找命令告诉服务端，服务端收到命令后知道客户端是要查找员工信息，而不是添加或浏览等其他事情。

服务端接着等待客户端发来员工的工号。客户端发送工号给服务端。服务端收到工号后，就到数据库里查找是否有一个员工与此匹配。如果有就发送"1"，没有就发送"0"给客户端。

客户端如果收到"0"，就知道并没有这个员工存在。如果收到"1"，就继续等待服务端发来员工的详细信息，如姓名、工资、入职日期等。服务端在发完"1"后就会继续把从数据库里检索到的一条员工信息发给客户端。

可见，网络之间能进行通信，协议是必不可少的。如果拥有相同的协议，那么所有计算机之间就可以通过互联网进行通信。反之，如果协议不同，那客户端发送一个查找命令给服务端后，服务端就识别不出这个命令，或收到这个命令后执行其他操作，从而导致双方不能正常通信。在同一协议中，两者的通信必须是高度对称的，即一个发送命令只对应一个接收命令。

TCP/IP 协议

TCP/IP 协议是指由 FTP，SMTP，TCP，UDP，IP 等协议构成的协议族，只是由于 TCP 协议和 IP 协议最具代表性，所以才被称为"TCP/IP 协议"。

TCP/IP 协议栈分为四层，从下至上分别为网络接口层、网络层、传输层和应用层。

◆ TCP/IP 四层结构

（1）网络接口层：又称数据链路层。网络接口层是我们平时接触的网卡和网卡驱动程序，主要负责发送和接收数据。网卡是数据传输中一个主机数据的入口和出口，而网卡驱动程序就是一套规则，如网卡多久发一次数据，一次传多少。网卡配合网卡驱动程序就相当于产生了一个数据出入的通道。

（2）网络层：主要负责提供基本的数据封包传送功能，从而让每一块数据包都能够到达目的主机。要使数据准确地找到目的主机，就必须使用 IP 地址。由于整个互联网是一个单一的、抽象的网络，要识别互联网上的每一台主机，就必须给每一台主机分配唯一可识别的"地址"。而 IP 地址就是每一台主机拥有的唯一的网络地址，由 32 位标识符组成，如同住宅对应的唯一门牌号。

目前常用的是网际协议的第四版，即 IPv4。比如116.17.140.88，分 4 段，每段 8 位，占一个字节，共 4 字节 32 位。

IP 地址一般由两部分组成，一部分是网络号，一部分是主机号。IP 地址不仅能指明一台主机的地址，还能指明主机所连接到的网络。当某个单位申请到一个 IP 地址时，实际上是获得了具有同样网络号的一块地址。其中具体的主机号由该单位自行分配，只需保证在该单位网络内部没有重复的主机号即可。

IP 地址分为 A，B，C，D，E 五类，前三类为基本类。IP 地址分类主要依据网络号和主机号的位数进行划分。如 A 类地址中，网络号占 1 个字节，主机号占 3 个字节；B 类地址中，网络号占 2 个字节，主机

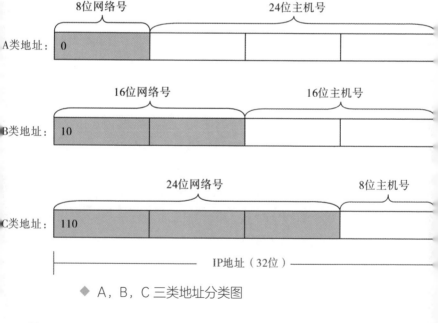

◆ A，B，C 三类地址分类图

号占 2 个字节；C 类地址中，网络号占 3 个字节，主机号占 1 个字节。

从图中可以看出，A 类地址可分配的主机数最多，它主要分配给具有大量主机而局域网络数量较少的大型网络；B 类地址可分配的主机数次之，一般用于国际性大公司和政府机构；C 类地址可分配的主机数最少，一般用于小公司、校园网、研究机构等。

为了更有效率地利用 IP 地址，人们又把两级 IP 地址发展成三级 IP 地址，改成由网络号、子网号、主机号三部分组成。划分子网不影响网络号，只是须从主机号中借用若干位作为子网号。

举一个例子，假设有一个单位申请到的 B 类 IP 地址为 145.13.0.0，这个单位有 700 台计算机需要分配 IP 地址。那么，我们可以将 IP 地址划分出 3 段子网，主机号留出 1 段 8 位。则每段子网都最多可分配 254 台计算机（一般 0 和 255 不使用），3 段子网（如 145.13.3.0，145.13.4.0，145.13.5.0）最多可分配 762 台计算机，可以满足该单位的需求。虽然单位对外网络 IP 地址显示为 145.13.0.0，实际上，单位内部又有 3 个子网。

子网掩码是一个 32 位地址，用于屏蔽 IP 地址的一部分以区别网络标识和主机标识。不论是否划分子网，只要把子网掩码和 IP 地址按位进行"与"运算，就可以得出这台主机的网络标识，而网络标识相同的两台主机则在同一网段。子网掩码为 1 的部分对应网络号，为 0 的部分对应主机号。

（3）传输层：包含 TCP 和 UDP 两个具有代表性的协议，主要用于实现应用程序之间的通信。

TCP 协议是面向连接型的传输层协议，须在两个通信应用程序间先建立一个虚拟的连接，才可进行数据传送。每一条 TCP 连接只有两个端点进行一对一的传输，一端作为服务端侦听等待连接，一端作为客户端根据 IP 地址请求连接。UDP 协议不需要建立连接，只需要确定要发送的目标 IP 和端口，就可以随时发送数据。UDP 协议下的服务端和客户端是对等的关系，支持一对一、多对多的网状通信。

IP 地址的作用是明确数据的来源主机和目标主机，TCP 协议和 UDP 协议的作用则是明确数据的源端口号和目标端口号。一台计算机上可能有很多的应用软件，每个软件内部又会有很多的线程。如一个聊天软件在运行时，文字聊天和语音聊天分别占据两个不同的线程，每个线程都会分配一个端口号。TCP 和 UDP 协议的作用就是明确具体是哪两个程序间需要传递数据。

（4）应用层：TCP 协议和 UDP 协议已经可以让应用程序之间进行通信，但要实现具体的操作还需要一些应用层协议，如文件传输协议（File Transfer Protocol，FTP）、电子邮件协议（Simple Mail

Transfer Protocol，SMTP）、超文本链接协议（HyperText Transfer Protocol，HTTP）等。

那么数据是如何被发送和接收的呢？

首先，把数据封装成帧。数据每经过一层就会添加一层对应的首部，这些首部中包含着一些重要信息。如 TCP 首部包含有源端口、目标端口和协议号；IP 首部包含有来源主机 IP 地址和目标主机 IP 地址；以太网首部则包含了源地址和目的地址（网卡的硬件地址，在厂时已确定）。直到添加了以太网首部后，一帧数据才最终形成。

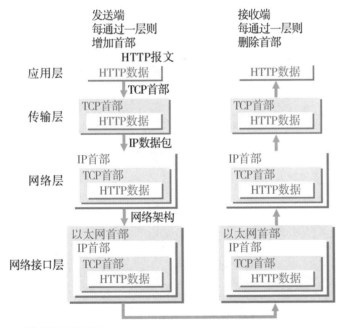

◆ 数据传输过程

其次，将封装成帧后的数据通过传输介质发送至目标主机。数据到达目标主机后，每层协议再剥掉相应的首部，最后才到达应用程序。

数据封装成帧有两个作用：一是让数据如追踪导弹一样，即使在互联网上经过了漫长的旅程，也依然可以找到目标所在；二是由于网络接口层限定了每帧数据的长度上限，即最大传送单元 MTU，因此封装成帧有利于将较大的数据切割分片和重组。

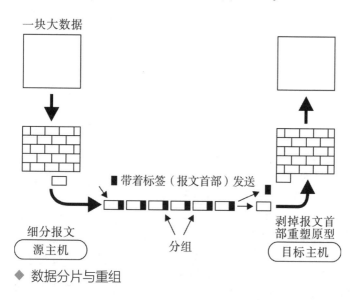

◆ 数据分片与重组

4.3
网络通信时代

我们知道，所有遵守 TCP/IP 协议的计算机都能够在互联网上进行通信。计算机之间通过交换机连接在一起，形成一个个小的网络，这些小的网络再通过路由器互相连接在一起，形成一个更大的网络。

路由器是如何连接网络的？

假设现在有一台主机 H1 要把 IP 数据报发送给目标主机 H2。主机 H1 先要查找自己的路由表，如果目标主机 H2 和自己的网段相同，就直接将数据传给目标主机，否则就把数据报先发给某个路由器。该路由器查找到自己的路由表后，继续把数据报传递给下一个路由器，直到某个路由器发现目标主机 H2 与自己在同一个网络上后，再把数据报交付给目标主机 H2。这就是路由器连接不同网络的过程。

计算机接上互联网后可以享受互联网提供的很多服务，如 WWW 服务，即万维网。用户只需通过浏览器就可以获取万维网的信息，从而在网络的海洋中漫游。用户不仅可以浏览文本、图形、声音、视频等信息，还可以通过超链接打开更多的网页浏览。万维网如同一个组合的"图书馆"，每个图书馆里都贮藏了大量的信息。例如，用户在访问图书馆 A 的一份资料时，发现了另一份资料的链接，但它存在于图书馆 B 中。那么，用户只需点击这个链接，就可以从图书馆 A 跳到了图书馆 B。一个图书馆的资源是有限的，但是大量的图书馆联合在一起，资源就近乎无限。

电子邮件服务

用户只要连上网络，并且具有电子邮件的程序和个人的 E-mail 地址，就可以发送邮件或者接收邮件。电子邮件除了可以发送文本之外，还可以发送声音、视频、图像等。目前，国内比较常用的邮箱有 QQ 邮箱、163 网易邮箱等。如果一个朋友发送了一封邮件到自己的电子信箱里，在自己方便的时候就可以到邮箱里查看这封邮件。

文件传输服务

它是网络最早提供的服务之一，使用广泛。FTP文件传输服务允许用户将一台计算机上的文件传输到另一台计算机上。

远程登录服务

它允许用户在一台连网的计算机上登录到一个远程计算机，然后像使用自己的计算机一样使用该远程系统。假如我们想要安装一个自己不会安装的软件，这时我们就可以请好友登录远程系统并在我们的计算机上安装该软件。

4.4
网络的基础——NSFNET

NSFNET 最初建立的目的是为了更好地满足美国各大学和政府机构的研究工作。在 20 世纪 80 年代中期，美国国家科学基金会（National Science Foundation，简称 NSF）在全美建立了 6 个超级计算机中心，并决定组建一个网络，把这些中心连接起来。由于当时民间有一个主干网络连接了这些中心，因此

NSF 就资助了这个主干网络，并且允许研究人员对网络进行访问，以使他们能够共享研究成果并查找信息。这个主干网络就是 NSFNET。

NSFNET 是一种分层的广域网络，它由主干网、地区网、校园网组成。各大学主机连接自己的校园网，校园网则连接与自己最近的地区网，地区网再连上主干网，主干网与阿帕网相连。这样学校的所有主机都可以访问到超级计算机中心，从而实现信息的交换与共享。

后来，美国很多的大学和科研机构纷纷把自己的局域网并入 NSFNET 中。与此同时，其他国家也在发展自己的广域网络，它们与 NSFNET 也是兼容的。随着 NSFNET 的广泛流行，NSF 不断升级自身的骨干网络。1990 年，NSFNET 代替了原来慢速的阿帕网，成为互联网的骨干网络。而阿帕网也在 1990 年退出了历史的舞台。

4.5
互联网应用在中国

我国的互联网规模仅次于美国，以国家域名 .CN 并入国际互联网。1990 年 11 月 28 日，我国钱天白教授代表中国正式在互联网网管中心注册登记了中国的顶级域名 .CN，开通使用中国顶级域名 .CN 的国际电子邮件服务，从此中国的网络有了自己的身份标识。

钱天白教授发出了中国第一封电子邮件，揭开了中国人使用互联网的序幕。中国的互联网能迅速地发展到今天这样一个繁荣局面，钱天白教授功不可没。

中国最早着手建设专用计算机广域网的机构是铁道部。1989 年，我国第一个公用分组交换网 CNPAC 建成运行。此后，公安、银行、军队等机构也相继建立了各自的专用计算机广域网。此外，国内许多单位相继安装了大量局域网（某一区域内由多台计算机互联而成的计算机组）。

1994 年，中国科学技术网 CSTNET 首次实现和互联网直接连接，同时建立了我国最高域名服务器，标志着我国正式接入互联网。目前，我国规模较大的公用计算机网络包括中国电信互联网 CHINANET、中

```
(Message # 50: 1532 bytes, KEEP, Forwarded)
Received: from unika1 by iraul1.germany.csnet id aa21216; 20 Sep 87 17:36 MET
Received: from Peking by unika1; Sun, 20 Sep 87 16:55 (MET dst)
Date:    Mon, 14 Sep 87 21:07 China Time
From:    Mail Administration for China <MAIL@ze1>
To:      Zorn@germany, Rotert@germany, Wacker@germany, Finken@unika1
CC:      lhl@parmesan.wisc.edu, farber@udel.edu,
         jennings%irlean.bitnet@germany, cic%relay.cs.net@germany, Wang@ze1,
         RZLI@ze1
Subject: First Electronic Mail from China to Germany

"Ueber die Grosse Mauer erreichen wie alle Ecken der Welt"
"Across the Great Wall we can reach every corner in the world"
Dies ist die erste ELECTRONIC MAIL, die von China aus ueber Rechnerkopplung
in die internationalen Wissenschaftsnetze geschickt wird.
This is the first ELECTRONIC MAIL supposed to be sent from China into the
international scientific networks via computer interconnection between
Beijing and Karlsruhe, West Germany (using CSNET/PMDF BS2000 Version).
   University of Karlsruhe          Institute for Computer Application of
-Informatik Rechnerabteilung-      State Commission of Machine Industry
      (IRA)                          (ICA)
Prof. Werner Zorn                  Prof. Wang Yuen Fung
Michael Finken                     Dr. Li Cheng Chiung
Stefan Paulisch                    Qiu Lei Nan
Michael Rotert                     Ruan Ren Cheng
Gerhard Wacker                     Wei Bao Xian
Hans Lackner                       Zhu Jiang
                                   Zhao Li Hua
```

◆ 钱天白发出的中国第一封电子邮件

国联通互联网 UNINET、中国移动互联网 CMNET、中国教育和科研计算机网 CERNET，以及中国科学技术网 CSTNET 等。

中国是使用互联网人数最多的国家之一，中国网民常用的网络应用如搜索引擎软件，可以帮助人们在互联网上搜集信息、寻找资料；即时通信软件，如 QQ、微信等，可以让人们之间的交流变得更加便捷和简单；网络娱乐如网络游戏、网络音乐、网络视频等，可以丰富人们的业余生活；网上购物、网上支付等，可以让人们足不出户就购买到想要的东西；网络教学如网易云课堂、腾讯课堂等，可以帮助人们随时在线学习。

我国互联网事业发展中的风云人物

1996 年，张朝阳创立了中国第一家互联网公司——爱特信公司。两年后，该公司推出"搜狐"产品，并更名搜狐公司。该公司提供了诸多产品与服务：如畅游，主要开发和运营大型 MMORPG 网游；搜狗输入法，一款免费的输入法软件，大大推动了中文输入技术的发展；搜狗地图，主要提供电子地图服务，包括搜索、驾驶导航、手机地图等功能；搜狗高速浏览器，互联网检索工具；搜狐新闻，主要为用户提供热点新闻，包括体育、财经、娱乐、IT、汽车等。

1997 年，丁磊创建了网易公司，推出了中国第一家中文全文搜索引擎。网易公司还开发了超大容量免费邮箱（如 163 邮箱和 126 邮箱），并凭借较高的安全性，成为国内非常受欢迎的中文邮箱。网易网站也是全国出名的综合门户网站，它把各种应用系统、数据资源、互联网资源都集中到一个信息管理平台之上，并提供了新闻、娱乐、房产、汽车等功能板块。

1998 年，王志东创立新浪网站。目前，该网站是全球最大的中文综合门户网站之一。而新浪微博也是全球使用人数最多的微博之一，它是一个社交媒体平台，可以让用户实现信息的即时分享、传播互动。

　　1998 年，马化腾和张志东等人创立了腾讯公司。1999 年，腾讯公司推出了电脑端的即时通信软件 QQ。随后，QQ 功能不断拓展、完善，目前可实现各类文件的传输、语音通话等多项功能。2011 年，腾讯公司又推出专门供智能手机使用的即时通信软件——微信。它不光是一个聊天软件，同时也是具有支付功能的"钱包"。而腾讯游戏目前已成为国内最大的网络游戏社区，其经营包括角色扮演、竞技游戏、网页游戏、手机游戏等诸多板块。

　　1999 年，马云创建了企业对企业的网上贸易市场平台——阿里巴巴网站。2003 年，马云创立了个人网上贸易市场平台——淘宝网。2004 年，阿里巴巴集团创立了第三方支付平台——支付宝。该支付平台可以实现简单、安全、快速地在线支付。

　　2000 年，李彦宏和徐勇创建了百度公司。目前，百度网站已成为全球最大的中文搜索引擎。百度提供了大量服务：如百度翻译，可以实现语言间的转换与翻译；百度地图，提供了完善的网络地图和导航功能；百度学术，提供了大量的中英文文献检索。

　　这些互联网时代的风云人物大大推动了中国互联网的发展。而中国，现已成为世界上网民人数最多，联网区域最广的国家。

第五章　数字移动通信

当下，智能手机已经成为人们交流最主要的工具。若想与伙伴聊天，一条手机短信就可以快速实现你的愿望；若有事需要解决，我们还可以直接手机通话进行沟通。如今除了短信和电话，手机也能像电脑一样安装各种应用软件，而移动数据流量能使手机在无接入网络的情况下使用各种应用软件。那这一切是怎么发生的呢？本章将带你了解数字移动通信。

5.1
数字移动通信技术

移动通信

移动通信是指移动物与固定物或移动物之间进行的通信。通信按照是否需要导线作为传输媒介可分为有线通信和无线通信。有线通信需要介质导线来传输信息，无线通信则利用电磁波传递信息。

移动通信按照传递信号的特征又可以分为模拟通信和数字通信。模拟通信使用模拟信号通信，是指信息参数在给定范围内是连续的信号。数字通信使用数字信号通信，这种信号往往是离散的，即通过二进制的 0 和 1 来传递信息。

移动通信经历了由模拟通信向数字通信的转化过程。目前比较成熟的移动通信模式主要有欧洲的 GSM、美国的 ADC 和日本的 PDC。从模拟通信到数字通信的过程正是从 1G 时代到 2G 时代的过程。

1G 时代仅能进行语音的交流，所以又称为"语音时代"。但是 1G 时代的信号不稳定而且很容易受到干扰。到了 2G 时代，通话质量得到大幅提升，而且允许用户发送文字简讯。文字信息的传输由此开始，所以 2G 时代又称为"文本时代"。

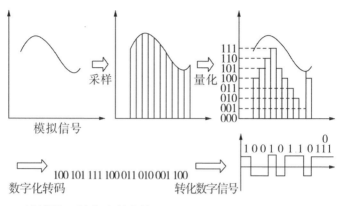

◆ 模拟信号转化为数字信号

移动通信技术

（1）多址技术。它可以实现用户共用公共的通信线路，主要有频分多址（FDMA）、时分多址（TDMA）和码分多址（CDMA）三种方式。

①频分多址：把信道频带分割为若干更窄的互不相交的频带（称为"子频带"），把每个子频带分给一个用户专用（称为"地址"），这种技术被称为"频分多址"技术。1G 时代主要采取"频分多址"技术。

②时分多址：允许多个用户在不同的时间片（时隙）来使用相同的频率。用户一个接一个地迅速传输，每个用户使用他们自己的时间片。大家轮流使用同一个频率，一个人短暂的使用后换下一个人使用，像排队一样。2G 时代使用最广泛的通信标准是 GSM，即

使用"时分多址"技术。

③码分多址：不同用户传输信息所用的信号不是靠频率不同或时隙不同来区分，而是用各自不同的编码序列来区分。一个信道上同时传输多个用户的信息，区别它们的关键是在传输之前进行特殊编码，编码后的信息即使混合在一起也能被接收机区别出来。每个发射机都有自己唯一的代码（伪随机码），同时接收机也知道要接收的代码。用这个代码作为信号滤波器，把其他所有与此代码不同的信号都过滤掉，从而分离出混在一起的众多信号中需要的信号。"码分多址"技术在 3G 时代被广泛应用。

（2）功率控制。手机在移动的过程中发射的功率也须随时变化。当手机距离基站较近时，需要降低发射功率，减少对其他用户的干扰；当距离基站较远时，需要增加功率，以克服路径衰耗。

（3）蜂窝技术。基站的覆盖范围称为蜂窝，蜂窝有大有小。大功率的基站服务范围较大，但频率利用率低；小功率的基站频率利用率高，提供给用户的通信信道也比较多。在相同的服务区域内增加基站数目，从而使有限的频率得到多次使用，这种做法称为"频率复用"。

简单地说，蜂窝技术就是在不同地理位置的用户可以同时使用相同频率的信道。蜂窝式移动电话网通常是由若干个相邻的小区构成无线区群，再由这些区群构成整个服务区。在同一个区群中的小区不能使用相同的频率，在不同区群中的小区则可以使用相同的频率。也就是说允许同频率使用有一个最小的距离，大于这个距离则可以重复使用相同的频率。

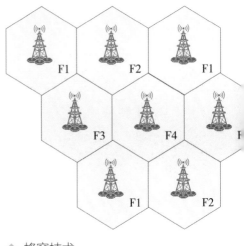

◆ 蜂窝技术

蜂窝网络由移动站、基站子系统、网络子系统三部分组成。移动站如手机；基站子系统如移动基站（大铁塔），是无线网络与有线网络之间的转换器；网络子系统主要是放置计算机系统设备，对通信起着管理作用。

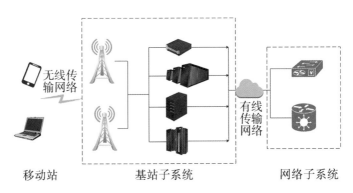

◆ 蜂窝网络

5.2
1G 时代：移动通信时代的开启

第一代移动通信技术（1G），即模拟移动通信。这一代通信使用连续的模拟信号传递信息，并以频分多址的方式实现信道共享，即把信道频带分割成若干个子频带，一个子频带供一个用户专用。

1986 年，第一代移动通信系统在美国芝加哥诞生，采用模拟信号传输。通信系统把电磁波进行频率调制后，将语音信息转换到载波电磁波上。载有语音信息的电磁波发布到空间后，由接收设备接收，并从载波电磁波上还原语音信息，从而完成一次通话。由于通信系统采用模拟信号传输，故存在信号不稳定、易受干扰等缺点。

1G 时代的代表有三个，分别是美国的先进移动电话系统（AMPS）、英国的全球接入通信系统（TACS）和北欧移动电话系统（NMT）。1G 时代面临的主要问题是有限的带宽难以满足不断增长的用户量需求和移动通信有效距离不足。

"大哥大"

　　1G 时代的典型代表产品是手提电话——"大哥大"。摩托罗拉公司创立于 1928 年，其最初的任务是协助美国陆军研发无线通信工具。第二次世界大战时期，无线通信帮助军队保持密切联系和协调作战，在战争中发挥着重要作用。1941 年，摩托罗拉公司研发出第一款跨时代产品 SCR-300。这款产品至今仍是电影中美国通信大兵经典形象的"最佳道具"。SCR-300 重达 16 千克，需要有专门的通信兵背负或装在车辆和飞机上。SCR-300 使用了 FM 调频技术，通话距离达到12.9千米，足以满足炮兵观察员与炮兵阵地进行联系，也能满足地面部队和航空兵进行通信。

◆ SCR-300

　　1973 年，手提电话——"大哥大"问世，它的诞生意味着一个新时代的开始。1987 年，"大哥大"开始进入中国，这意味着中国也步入了移动通信时代。这种移动电话最突出的特征就是笨重，其重量达 0.5 千克，如同砖头。它除了打电话，没别的功能，而且通话信号也不稳定，电池的容量也仅能维持半小时的通话。即便如此，"大哥大"在当时依旧一机难求，价格更是高得惊人。1987年，一般上班族的月薪不到50元，而一部"大哥大"的价格却可高

◆ "大哥大"

达2万元。因此，"大哥大"的使用者多是商界名流，而拥有"大哥大"也一度成为身份显赫的象征。

1987年，广东省率先开通了全国第一个模拟移动电话网，建设了900 MHz模拟移动电话，首批700名用户。而中国第一个拥有手机的用户叫徐峰，他回忆道："1987年11月21日是我终生难忘的日子。这一天，我成为中国第一个手机用户。虽然购买模拟手机花费了2万元，入网费6000元，但是手机解决了我进行贸易洽谈的急需，帮助我成为市场经济的第一批受益者。"让摩托罗拉公司也没有料到的是，"大哥大"很快就得到了当时一部分先富起来的人的青睐。

当时社会上还有一个定义成功的标准：开着桑塔纳，打着"大哥大"。在当时，"大哥大"还有增加生意谈判筹码的作用。例如，在谈生意时，人们若顺手将"大哥大"往桌上一放，可立刻获得对方的一份

尊重。若你在人群中拿出"大哥大"，拉出长长的天线后，喊上一句"没听清，再说一遍"，便可引来无数羡慕的眼光。在那个普通人还在写信联系的年代，一部"大哥大"可以让你跨越空间的阻隔联系到别人。这种全新的颠覆性的通信方式，给人们带来了前所未有的冲击。因此，"大哥大"不仅是时代的通信工具，更是身份的象征。然而，"大哥大"终究还是被手机取代，成为历史名词。2001 年 6 月，中国移动通信集团公司完全关闭了模拟移动电话网，标志着一个时代的结束和另一个时代的到来。

BP 机

除了风靡一时的"大哥大"，摩托罗拉公司在中国生产和销售的另一重磅产品当属 BP 机——专为中产阶级量身定制，价格较低。BP 机只能接收无线电信号，不能发送信号，是单方向的移动通信工具。如果我们要呼叫别人就要先用有线电话拨寻呼台号码，电话接通后，告诉话务员要寻呼的 BP 机号码以及自己的电话

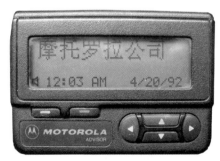

◆ BP 机

号码。如果 BP 机具有中文显示功能，我们还可以留言给对方（有字数限制），那么对方的 BP 机上就会接收到留言以及我们的电话号码。BP 机的功能与我们今时的手机短信功能类似。当我们发送消息给对方的 BP 机后，就需要在有线电话旁等待对方回电话。对方听到 BP 机发出"噼、噼、噼"的响声时，需要打开显示开关显示要回电的号码，然后到附近找一部电话来和我们通话。

在那个年代，人们都是通过有线电话进行联系，一旦出门就无法随时保持通信了。如果家里人有急事找外出的人，此时联系不到对方的焦急之情只有那个年代的人才能体会。但是，BP 机就可以解决这个问题。只要在身上佩戴一个 BP 机，家里人就可以通过固定电话拨打传呼台联系我们。在关键的时刻可以找到自己想要联系的人是一件幸福的事情。因为手机的存在，当下人们的联系变得非常简单，但在移动通信还不发达的时代，BP 机确实是人们沟通交流的重要工具。

随着技术的进步和人们需求的增大，BP 机从单纯的数字机逐渐发展到汉字机，价格从几千元逐渐降到几百元，越来越多的人买得起 BP 机。自 1990 年开始，传呼台就如雨后春笋般遍地开花。摩托罗拉公司也因此在中国赚了一大笔钱。虽然"大哥大"和 BP 机已经成为过去，但那个腰缠 BP 机、手拿"大哥大"的年代，给我们留下了太多的回忆。

5.3
2G 时代：诺基亚崛起

第二代移动通信技术（2G）起源于 20 世纪 90 年代初，主要采用数字的时分多址（TDMA）和码分多址（CDMA）技术。第二代移动通信数字无线标准主要包括欧洲的 GSM 和美国高通公司推出的 IS-95CDMA 等。我国主要采用 GSM 标准，美国、韩国主要采用 CDMA 标准。第二代移动通信主要业务是语音，其主要特性是提供数字化的语音业务及低速数据业务。它克服了模拟移动通信系统的弱点，语音质量、保密性能都得到了较大的提高，并可进行省内、省际自动漫游通话。第二代移动通信实现了从模拟技术向数字技术的转变。

GSM

1G 时代通信标准不一，各国都想将自己的标准推广到其他国家使用，这主要源于背后的巨大利益——大量的专利垄断费用。而美国的摩托罗拉公司无疑是 1G 时代的霸主。1G 时代，欧洲各国各自为营，使用不同的标准，自然不是美国的对手。有了前车之鉴，在 2G 时代即将来临之时，欧洲各国就决定联合制定统一的标准，共同冲击更广阔的国际市场。1982 年，欧洲邮电管理委员会成立移动专家组（Group Special Mobile）负责通信标准的研究，并研制出全球移动通信系统（Global System for Mobile Communications），也就是 GSM。GSM 以其开放性和传输速率高的特点很快成为 2G 时代的主流标准。

GSM 使用时分多址技术（TDMA），一个信道平均分给八个通话者，每个通话者轮流占用这个信道，也就是说每个通话者拥有这个信道八分之一的时间。GSM 易于部署，并且使用数字编码取代了原来的模拟信号。

那么一个模拟信号是如何变成数字信号的呢？首先，每隔一定时间对原来时间上连续的信号进行抽样，将信号转化为离散信号；但是这个离散信号的取值还是随机的，因此可能取到无穷多个数值。其次，对离散信号进行量化，即把瞬时的抽样值用最接近的电平值表示，得到有限个离散的数值。最后，把这有限个离散的数值编码成二进制表示，这样就形成了数字信号。

数字信号传输到接收端时再转换成模拟信号，由此完成了数字通信。相比于模拟信号，数字信号具有较强的抗干扰能力，更易于传输，所以数字通信的语音质量相比于模拟通信有了大幅提升。

◆ 数字通信示意图

诺基亚的崛起

1991年，爱立信和诺基亚率先在欧洲大陆上架设了第一个 GSM 网络。短短十年内，就有162个国家建成了 GSM 网络，使用人数超过一亿。在欧洲大力发展移动通信系统时，美国也在同一时间研制出了三套通信系统，其中两套使用时分多址（TDMA）技术，另一套使用码分多址（CDMA）技术（由高通公司研制）。TDMA 是一个信道供八个通话者轮流使用，而CDMA 使用了加密技术，可以让所有通话者同时使用信道。在 CDMA 上，编号1只能与编号1通话，发射端有独特的加密码，接收端也知道要接收的代码，这样即使多个通话者同时使用也不会出现信号混乱的情况。从技术上看，CDMA 系统容量是 GSM 的10倍以上，似乎更高一筹。但是高通缺乏手机制造的经验，而欧洲运营商也只对当时兴盛的 GSM 感兴趣。因此，相比 CDMA，GSM 的发展更加迅猛。短短数年间，欧洲就建立了国际漫游标准，GSM 基站更是遍布全球。

　　GSM 的捷足先登，让欧洲在 2G 时代占据了先机。而美国在通信标准之争上的失败也间接影响了摩托罗拉手机的竞争力。当数字移动电话渐渐取代模拟移动电话时，摩托罗拉仍在模拟移动电话市场中占有 40% 的份额。但对于数字通信的威胁，摩托罗拉过于大意，不愿意投资数字手机，依然将大量资源分给模拟手机部门，内部的消耗导致技术推进缓慢。1997 年，摩托罗拉终于走下神坛。它在全球移动电话市场的份额大幅下跌。持续 20 多年的辉煌由此结束，取而代之的是 1992 年才推出第一部数字手机的公司——诺基亚。

　　诺基亚是芬兰的一家公司，成立于 1865 年，最早以伐木、造纸为主业，后来发展成为从事手机生产的跨国公司。从 1996 年开始，诺基亚连续十五年全球手机销量第一，几乎做到人手一部诺基亚。相比于 2G 时代的其他手机，诺基亚的手机更加实用，也更加耐用。诺基亚所有型号都是直板机，与那些折叠机相比也更不容易出现故障。诺基亚手机得到了全球用户的青

◆ 诺基亚手机

睐，创造了 2G 时代的销量神话。

　　但是，这样的一个传奇公司最终还是走向了衰落。自 2007 年乔布斯发布苹果第一代 iPhone 时，诺基亚手机就已经有了没落的迹象。诺基亚手机与苹果手机之间的竞争实际上是功能机与智能手机之间的竞争，虽然诺基亚也在智能机上做出过努力。

5.4
3G 时代：智能手机与移动
多媒体的时代

3G 霸主高通的崛起

　　高通的 CDMA 技术在容量和通话质量上都比欧洲的 GSM 要好，却由于错过时机，CDMA 没能成为 2G 时代的王者，高通也一度陷于危机之中。但是到了 3G 时代，局势却出现了反转。

　　高通的本部位于美国加州圣地亚哥，著名的"高通专利墙"上镶嵌着高通持有的大量移动通信专利，将近 1400 项。美苏冷战时期，美国军方使用码分多址（CDMA）技术来进行通信，这种通信方法需将信息进行加密和解密，保证了信息的安全。Linkabit 是加州圣地亚哥第一家电子通信技术公司，它负责为美国军方和航天局开发卫星通信和无线通信技术。

Linkabit 的两位创始人皆是通信界的知名人物，他们分别是雅各布斯和安德鲁・维特比。前者的著作《通信工程原理》至今仍是通信界的经典著作，后者则提出著名的"维特比算法"。

1980 年，两人将 Linkabit 公司卖掉，并于 1985 年决定创立能够提供"高质量的通信"（Quality Communications）的公司，即"高通"。高通创立之后，就牢牢瞄准了 CDMA。他们发现了 CDMA 在移动通信领域的发展潜力，决定从事这项技术的开发和商业应用，并通过各种方式如专利垄断获得了巨大的成功。

（1）高通拥有大量的 CDMA 专利技术，如功率控制、同频复用、软切换等，相比于其他厂商不论在质量还是数量上都占据巨大优势，基本上垄断了 CDMA 的相关技术。

（2）高通将专利技术套入通信标准。

（3）高通把 CDMA 技术整合进芯片，实现了在一块芯片上整合进信号的发送与接收、电源管理和数模转换等功能，即 SOC（System on Chip，片上系统）。

如今高通生产的芯片已经增加了诸多功能，现已成为世界领先的移动芯片供应商。在 2G 向 3G 发展的过程中，高通暗暗蓄力，悄然地垄断了 CDMA 专利技术，并且通过将通信标准嵌入芯片的方式，成为 3G 时代通信标准的真正赢家和芯片行业的霸主。

高通的主要收入来源有两大块：一是收取专利费，二是手机芯片收入。手机制造商要使用高通芯片，就要付芯片的费用及专利费。设备商建基站，需要用到 CDMA 技术，就得付专利费。

电信运营商们谁也不愿意接受高通的霸王条款，所以在 2G 时代，大多数人还是选择了 GSM。而高通真正发展起来还要归功于韩国政府投来的"橄榄枝"。1990 年 11 月，高通和韩国电子通信研究院（ETRI）签署有关 CDMA 技术转移协定。高通答应把每年在韩国收取专利费的 20% 交给韩国电子通信研究院，韩国政府也宣布 CDMA 为韩国唯一的 2G 移动通信标准，并全力支持韩国三星、LG 等投入 CDMA 技术的商业应用。在其后的五年时间里，韩国通信用户数量达到了 100 万，通信的普及率大幅提升。SK 电信成为全球最大的 CDMA 运营商，三星则成为全球首家 CDMA 手机出口商。CDMA 带动了韩国通信业的发展，韩国也让高通大赚了一笔，高通更是从此成为全球性的跨国大公司。2000 年以后，2G 的速度和容量上限渐渐不能满足时代的需求。有了摩托罗拉的前车之鉴，各大手机厂商提心吊胆地准备迎接 3G 时代。

3G 通信标准之争

3G 比 2G 传输信息速度要快几十倍。爱立信、诺基亚、阿尔卡特等实力雄厚的欧洲厂商虽然明白 CDMA 的优势，清楚 TDMA 难以成为 3G 的核心技术，但谁也不愿意接受高通霸道的方案。于是，欧洲和日本等原本推行 GSM 标准的国家联合起来成立了 3GPP（3rd Generation Partnership Project，第三代合作伙伴计划），负责制定全球第三代通信标准。3GPP 小心翼翼地参考 CDMA 技术，以尽量绕过高通设下的专利陷阱，开发出了原理类似的 W-CDMA，实现了由 GSM 向 W-CDMA 的顺利过渡。随后，高通也与韩国联合组成 3GPP2，与 3GPP 抗衡，并推出了 CDMA2000。中国也不甘示弱，研制出了 TD-SCDMA。谁也不想被高通宰割，所以使用 CDMA2000 的国家较少，TD-SCDMA 只有中国使用。而由于 W-CDMA 参与者最多，因此在三个 3G 通信标准中最成熟，市场占有率也最高。但这三个 3G 通信标准都和高通的 CDMA 技术密切相关，还是难以避免地被高通收取了一大笔专利费用。

3G 技术与智能手机

虽然通信界从 2000 年开始就一直在宣传 3G，但是 3G 并没有普及开来，原因是没有这方面的关键需求。那个时代的手机主要以功能机为主，能打电话和发短信就可以满足人们的需求。2000 年，欧洲的很多国家开始竞标 3G 牌照，各家运营商总计投下约 900 亿美元，但在缺乏场景需求的情况下，基本上是血本无归。3G 服务无法如期推出，欧洲电信业一度处于溃败的状态。而美国的运营商却因为现有频率的占用问题导致 3G 牌照发放延迟，反而因祸得福。

智能手机的出现才使 3G 起死回生，并成为时代主流的关键。智能手机一般包括四大特征：支持多点触控、独立的手机操作系统、应用程序下载平台和应用程序。智能手机相比于功能机最大的特点就是可以随意地安装和卸载应用程序，就像电脑一样。

◆ 智能手机

手机操作系统之争

说起智能手机，就要提一提当年风云变幻的历史。最早的智能手机操作系统是 1996 年微软发布的 Windows CE。但是该系统仍然沿用电脑端的思维方式，运行速度缓慢。1998 年，英国公司 Psion 和诺基亚、爱立信、摩托罗拉、三菱合资成立了塞班公司，研发手机专用系统。2005 年，诺基亚还是手机界的王者，塞班系统则是使用最广泛的手机系统。当时的塞班联盟包括众多手机厂商，如诺基亚、摩托罗拉、索爱、三星、LG、联想等。就在这一年，安迪·鲁宾完成了安卓系统的初期开发。但由于缺乏后续开发资金，安迪·鲁宾需要寻找投资方，并找到了谷歌。谷歌创始人拉里·佩奇对此非常感兴趣，在仅仅几周后就收购了安卓，进军移动互联网行业。同样是在这一年，苹果公司的 iPod（便携式数字多媒体播放器）大卖，销量达到 2000 万部，是上一年销量的四倍。索尼音乐、环球音乐都与苹果公司结盟，音乐播放器的市场让苹果公司赚了不少。但是乔布斯还是很担忧，因为他意识到一旦手机里内置了音乐播放器，那么 iPod 的销量将大大减少。所以在这一年，苹果公司尝试开发平板电脑 iPad、手机 iPhone 和移动操作系统 iOS，并且收购了一家叫 FingerWorks 的公司。这家公司自 1999 年起便开始研发手势识别、多点触控等技术，但在当时并不为人们所看好，也没人猜到苹果公司为何买它。

2005 年 到 2007 年 的三年里，塞班在发展上仍然以研发和销售传统手机功能为主，诺基亚内部的心态总是：最重要的是如何卖出手机，应用程序只是让手机更好卖。诺基亚在这三年里没有太大的进步，而苹果公司已经完成了 2005 年预定的

◆ iPhone1

三大目标，并于 2007 年 6 月上市了搭载 iOS 系统的 iPhone。iPhone 去除了键盘，单以一个 Home 键和手指即可操作。就在此前一个月，诺基亚上市了搭载塞班系统的 N95。两个系统比较之下，iOS 系统操作简单、用户体验良好的优点凸显无疑，而塞班系统烦琐的操作和落后的人机交互则相形见绌。这三年里，谷歌则不断完善自己的安卓系统。

到了 2009 年，诺基亚在整个手机行业的利润已经从 2007 年的 64% 降低到了 32%，直接降低了一半。诺基亚感受到了危机，并在随后的几年里分别使用了 maemo 和 meego 系统，但都在使用不到一年的时间内放弃。随后，诺基亚选择与微软合作，并在 2011

年决定背水一战，宣布放弃塞班系统，改用操作系统 Windows Phone，但还是无法挽回败局。2013年，微软以 71.7 亿美元收购了诺基亚，一代手机巨星就此陨落。四大手机操作系统——塞班、Windows Phone、iOS 和安卓之间的争斗，最后以 iOS 和安卓胜利告终。

苹果公司制胜有两大关键：一是开创了手指触摸的先河，这大大提升了用户的体验；二是增加了应用商店，可以让使用者更方便地下载应用程序，也节省了开发者的开发周期。苹果公司发布 iOS 第一版后在 APP 生态系统上所取得的成绩就超过了塞班花费 7 年所付出的努力。随后开始的 APP 生态系统新时代，使 3G 用户极速暴增，从此人类进入 3G 时代。

5.5
4G 时代：WLAN 技术与 3G 通信技术的结合

4G 是第四代的移动通信系统，它是集 3G 与 WLAN 于一体的通信方式。它能够传输高质量的视频图像，并且它的传输图像速度快，上网和下载速度快。

我国在 2001 年就开始研发 4G 技术，经过十年时间，到 2011 年，4G 手机正式投入使用，截至 2020 年 6 月，我国 4G 的用户总数已达 12.83 亿户。

4G 技术包括 TD-LTE 和 FDD-LTE 两种制式。2013 年 12 月 4 日下午，工业和信息化部向中国联通、中国电信、中国移动正式发放了第四代移动通信业务牌照（即 4G 牌照），中国移动、中国电信、中国联通三家均获得 TD-LTE 牌照，此举标志着我国电信产业正式进入 4G 时代。

从此以后，4G 在我国通信领域得到了广泛应用。4G 的应用具体体现在以下几个方面。

电视直播

利用 4G 网络可以进行电视信号的传输，甚至可

◆ 4G 手机

以进行超长距离的传输。4G 信号的传输基本没有盲区，人人都能在手机上看电视。同时，由于 4G 还能突破山区复杂地形的制约，受自然灾害的影响也比较小，因此在地形比较复杂、气候比较差的地区可选用 4G 进行电视直播。

智能手机

目前，智能手机大部分都采用 4G 技术，通过 4G 技术，手机通信的质量能得到了大幅度的提升，数据的传输质量和速度也有很大的提高。

比如通过 4G 智能手机，我们可以上网购票、查阅相关资料和信息，还可以下载资料和信息到自己的手机里，以便随时随地阅读。

虽然目前 4G 在一定程度上可满足移动通信业务的需求，但随着社会不断向前发展，新型移动通信业务也会不断产生，社会对通信技术也提出了更高层次的要求。

首先，4G 容量有限，因此随着智能手机的长时间使用，智能手机的运行速度将会越来越慢，这无疑是 5G 发展的主要推动力。

其次，4G 更新的速度较慢，这在一定程度上也阻碍了 4G 移动通信占领市场的速度。一旦 5G 兴起，4G 必将被取代。移动通信的希望与未来在 5G！

5.6
5G 时代：最新一代蜂窝移动通信技术

虽然 4G 手机，特别是现在流行的 4G 智能手机，具有梦幻般的功能，不仅可以打电话，而且具有上网搜资料、听音乐、看电影电视、网购、社交等各种功能。但 4G 手机也存在一些技术等层面的问题，阻碍了人们相互之间畅快地交流，如速度不够快、容量比较小、时延较长等问题。

5G，即第五代移动通信技术，是最新一代蜂窝移动通信技术，具有高速率、低时延、大容量等特点。

5G 最大的优点就是数据传输速率快，如 1G 时代的传输速率只有 2.4 k，2G 时代的传输速率是 64 k，3G 时代的传输速率是 2 M，4G 时代的传输速率是 100 M，而 5G 时代的传输速率为 20 G，宽带的成长也是 5G 最高，上网下载一部高清电影只需要 1 秒。

随着通信技术的更新换代，通信的功能也在不断增加，如 1G 时代只能传输声音；2G 时代则可以传输文字；从 3G 时代开始，就可以传输图片和视频了；而到了 4G 时代，还可以实现 VR 使用等。同时，微信、支付宝等取代了传统钱包，出租车、商场，甚至买小摊贩的物品等都可以扫码支付。

5G 时代，将会出现一个功能更加齐全，并可扩展到无人驾驶、远程医疗和智慧城市等的智能手机。

正因为 5G 比 4G 等具有更多更好的优势，所以在未来的日常生活中，5G 的应用领域将更加广泛。

未来的 5G 通信技术的应用除涵盖 4G 原有的应用外，还将大大拓展其应用场景。

车联网与自动驾驶

车联网经历了利用有线通信道路提示牌以及使用 2G，3G，4G 承载车载信息服务的阶段，现正依托高速移动的 5G 通信技术，逐步进入自动驾驶时代。根据各国汽车发展规划，依托 5G 通信技术，预计 2025 年，自动驾驶汽车量产的市场规模可达 1 万亿美元。

外科手术

利用 5G 通信技术极短的延迟时间，未来将可以实现外科医生通过机器人给全世界各个地方的患者实施手术。

智能电网

通过将 4G，Wi-Fi 等整合到 5G 中，智能手机用户不仅可以不用关心自己所处的网络状况，而且可以不用再通过手动的方式连接到 Wi-Fi 网络上，系统就会自动根据现场的网络情况，连接到最佳的网络之中，从而真正实现无缝切换。

由 4G 到 5G，是移动通信的一个跨越，中间经历过很多曲折的发展历程。2019 年 6 月 6 日，工业和信息化部正式向中国电信、中国移动、中国联通、中国广电发放 5G 商用牌照，中国正式进入 5G 商用元年，越来越多的 5G 产品也陆续面世，如 5G 智能手机等。

在 1G，2G，3G 时代，中国在国际通信业领域几乎没有什么话语权，2G，3G 所有的专利几乎都被高通、爱立信垄断。

但是一个国家的通信是不可或缺的。必须从零开始，硬着头皮也要上。从 3G 开始，中国人就开始自主研发。

到了 4G，情况有所改变，中国通信行业慢慢开始进步。TD-LTE 技术的突破，使得中国通信第一次在世界有了话语权。中国的基建实力和长远的发展眼光呈现出后发制人的事态。

目前中国的通信行业非常发达。截至 2019 年，已拥有全球一半以上的 4G 基站。现在的中国，无论哪里，都有网络存在。中国利用 4G 技术在通信行业取得了飞速的发展，中国的移动通信支付、电子商务等领先于世界。如今，我国也在积极部署 5G 通信技术，并将取得更大的成就。

尤其令人振奋的是，中国的华为公司在通信核心技术上打破了美国高通公司垄断的局面，在 5G 上取得突破，并领先于世界。这是中国在通信领域核心技术上第一次占领了至高地，也是中国通信史上最浓墨重彩的一笔。

如果说在通信 3G，4G 时代的发展过程中，华为更多的是以追随者、参与者的身份来参与，那么随着 5G 时代的到来，华为已经成为通信标准的制定者之一，而不再是追随者和参与者，地位已发生翻天覆地的变化。

　　5G 时代方兴未艾，未来谁占据主导地位还是未知。但作为仅有的拥有了包含 5G 网络、芯片终端和云服务在内的全领域能力，以及行业目前唯一能提供端到端 5G 全系统的厂商，华为绝对不容小觑。目前的华为已经成为全球第一大电信设备制造商和全球前三的手机制造商，这足以证明华为在通信行业的地位。

　　正如华为创始人任正非在接受采访时说的："世界上做 5G 的厂家就那么几家，做微波的厂家也不多，能够把 5G 基站和最先进的微波技术结合起来的，世界上只有华为一家能做到。"

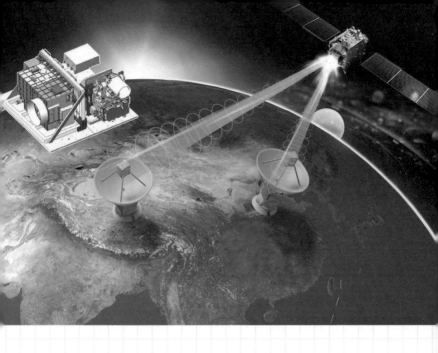

第六章　未来通信

　　在城市人口密集的地区，我们能通过手机进行通信，还要归功于分布在城市中的陆地基站。那么在汪洋的大海上，在没有基站的情况下，渔船和渔政船之间是怎样相互通信的？在移动通信难以覆盖到的偏远地区，又是如何享受通信服务的？2006年，中国台湾海域的地震破坏了海底的通信电缆，造成大规模通信障碍，此时又有什么方法进行通信呢？

　　这些问题都可以由卫星通信来解决，这正是本章探讨的通信方式之一——卫星通信。

今天的通信存在通话被窃听、信息外泄等风险，通信安全已成为世界共同关注的问题。通信安全主要依靠提升密码的数学复杂程度、增加被破解的难度以确保通信的安全。但是，随着计算能力的不断提升，通信安全的威胁还一直存在。那有没有一种绝对安全的通信方式，可以让信息在传输过程中不被窃听，这就是本章要介绍的另一种通信方式——量子通信。

未来的某一天，我们在家里就可以办公、享受优质的教育资源，以及接受医疗诊断等。这一切都可以借助高速信息公路来实现。

6.1
卫星通信

卫星通信技术

卫星通信以人造地球卫星为中继站，转发与之相连的地球站发来的无线电波，从而实现两个或多个地球站之间的通信。卫星通信系统的组成主要包括通信卫星和由该卫星连通的地球站两部分。目前最常使用的通信卫星为静止通信卫星，它与地球自转方向一致，运转周期跟地球自转周期相同，即 24 小时，且始终监控地球的某个区域，如同静止在地球上空，故又称"同步卫星"。地球静止轨道通信卫星天线波束的最

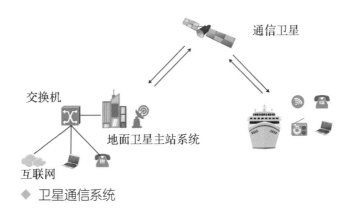

◆ 卫星通信系统

大覆盖范围可以达到地球表面的 40%，由此等间隔地在静止轨道上放置三颗地球静止轨道通信卫星就可以覆盖地球表面所有范围。

　　根据卫星运行轨道的高度不同，可以把人造地球卫星分为低轨道卫星、中轨道卫星和地球同步轨道卫星三种。低轨道卫星的运行轨道高度为 200~2000 千米，中轨道卫星的运行轨道高度为 2000~20000 千米，地球同步轨道卫星运行轨道高度约为 36000 千米。

◆ 卫星

卫星通信的作用

　　目前手机是我们日常交流通信的最主要工具，而手机的移动通信依赖于基站和天线或基于固定宽带接入的 Wi-Fi。对于人口密集的城市地区，这种方式可以很好地满足用户通信的需求，由于基站的建设和维护成本高，成本难以收回，因此，在人烟稀少的地方，如沙漠、山区等地，基站难以搭建，手机信号自然比较差，更不必说在占地球表面积71%的汪洋大海中搭建基站了。

网络覆盖的问题一直是各国想要解决的问题，也是通信企业的一个商机。对于这个问题，很多国家也想过应对方法。谷歌于2013年就推出过一个"用气球上网"的项目——Project Loon。他们希望借助热气球让基站飞入空中，从而克服地理位置带来的困难，实现更广阔的网络覆盖。2015年，Facebook推出了"天鹰"计划，想利用无人机实现网络覆盖。这些想法的共同点都是希望把陆地基站变成空中基站，而卫星通信显然比这两种方法要更为有效。

卫星通信有通信距离远、不受地理条件限制、不受自然灾害和人为事件的影响等优点。但其缺点也比较明显：一是传输延时较大，由于信号要先发射到卫星，再从卫星发射给其他终端，这一来一回的距离使得卫星通信不像普通手机那样具有实时性，中间有500~800毫秒的时延；二是卫星发射具有风险，并且成本较高，为了避免卫星通信系统之间的相互干扰，但卫星数量也不能够无限制地增加。要想实现大范围的网络覆盖，卫星通信依然是当下最好的方法。

卫星通信

说到卫星通信的历史，最早要追溯到 1957 年。苏联在这一年发射了人类第一颗人造地球卫星"斯普特尼克 1 号"。当时正值冷战时期，这件事令美国极为震惊。随后便开始了美苏两国的太空竞赛。1960 年，美国发射气球卫星"回声 1 号"，轨道高度 1600 千米。"回声 1 号"在发射前被挤瘪并装入一个容器中，进入轨道后就膨胀成一个直径 30 米的大气球。它的材质很特殊，用的是一种很结实的聚酯薄膜。为了增强发射无线电波的能力，还在"回声 1 号"上面涂上了一层铝箔。这颗卫星帮助科学家进行了大量的卫星通信试验。随后的几年里，美国又相继发射了低轨道卫

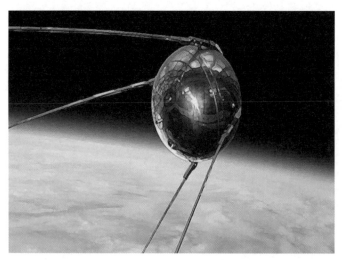

◆ "斯普特尼克 1 号"

星"中继1号"、同步通信卫星"同步2号"和"同步3号"等。"中继1号"首次实现了日美间的电视转播；"同步3号"还在1964年用于转播东京奥运会比赛实况。

　　提到卫星通信，不得不说一下大名鼎鼎的"铱星计划"。20世纪80年代，移动通信技术还处于初级阶段，很多地方都没有信号。摩托罗拉的工程师巴里·伯蒂格来的妻子在加勒比海度假时，向丈夫抱怨说无法和自己的客户通话。巴里·伯蒂格来突发奇想：如果环绕地球组建一个星群，那么地球上的任何地方就都可以覆盖到信号了。摩托罗拉随后开始着手实行这个计划，并希望以77颗近地卫星组成星群。由于金属元素铱也正好有77个电子，所以这一计划也叫作"铱星计划"。77颗卫星分布在7条轨道上，每条轨道均匀分布11颗卫星。后来发现6条轨道就可以满足要求，出于成本考虑，最终只使用了66颗卫星。铱星系统可以实现手机与卫星之间的通信，即使在地球上人迹罕至的地方也可以实现。但是这种手机比较笨重，价格也很昂贵，除了在一些特定场合下，如远洋出海或者灾害救援，与普通的地面蜂窝系统的手机相比似乎没有什么优势。虽然摩托罗拉耗费了大量资金建成了铱星系统，但由于缺乏用户使用，这个耗费了34亿美元的项目，最终以2亿美元的低价卖给了美国军方。

我国通信卫星的发展

我国在卫星通信方面也做了很多研究和努力。1970年4月24日21时35分，我国第一颗人造地球卫星"东方红一号"在酒泉卫星发射中心发射成功，中国成为继苏联、美国、法国、日本后第五个独立研制并发射人造地球卫星的国家。1984年4月8日，我国发射了第一颗通信卫星——"东方红二号"试验通信卫星，并开始了我国用自己的通信卫星进行卫星通信的历史。这颗卫星的通信天线为圆锥喇叭，拥有较宽的服务区域，不仅可以实现与陆地地球站的通信，也可供海上移动站进行通信试验。1986年2月1日，我国又发射了另一颗"东方红二号"实用通信广播卫星。与第一颗相比，这颗卫星采用了国内波束抛物面天线，不仅在通信容量上有了提升，更降低了对地球站发射功率的要求。在发射"东方红二号"实用通信广播的同时，我国也开始"东方红二号甲"通信卫星的研制。该系列卫星在外形上与

◆ "东方红一号"

"东方红二号"差别不大，但在功能上却有显著的提高，如增加了卫星转发器数量和提高了功率放大器的输出功率等。

随后我国又继续研制新一代通信卫星"东方红三号"，并于 1994 年发射了第一颗。但是由于推进剂泄漏，第一颗"东方红三号"未能定点使用。接着于 1997 年我国发射了第二颗"东方红三号"并且成功定点。1998 年，这颗卫星正式开始商业服务，用于提供电话、电视、传真等服务。此后，我国通信卫星不断发展，并开拓出一片新天地。

卫星通信服务

卫星通信服务在我国也得到了很多的应用，诸如银行、气象、铁路、地震局等均建立了专用卫星通信网，并且多采用 VSAT（Very Small Aperture Terminal）系统，即甚小孔径终端站。VSAT 系统中小站设备的天线口径很小，一般为 0.3~1.4 米。VSAT 系统包括卫星、VSAT 网络主站和用户 VSAT 端站三部分。该系统由 288 颗近地轨道卫星构成，每颗卫星间通过路由器的光通信连接在一起，构成空中互联网。

VSAT 系统的网络形态有星状网和网状网两种。前者以主站为网络中心，各 VSAT 端站与主站之间进行数据通信，主站是交汇点。而后者则是由 VSAT 端

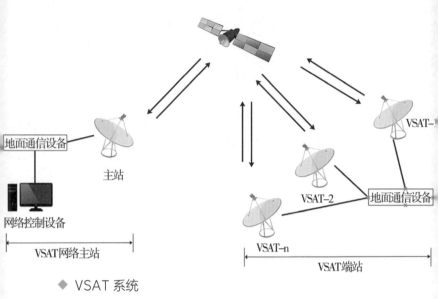

地面通信设备

主站

网络控制设备

VSAT网络主站

VSAT–

地面通信设备

VSAT–2

VSAT–n

VSAT端站

◆ VSAT 系统

站之间相互构成的直接通信链路，不需要经过主站转发，主站只起到网络控制和管理的作用。

　　卫星通信可以实现地面、海上、空中通信站之间的通信，覆盖范围较广，但也存在价格昂贵等缺点，所以卫星通信目前主要用于弥补地面移动通信的服务盲区，如为农村或者边远地区提供语音和低速数据服务，或在陆地通信系统出现故障的情况下，实现暂时的通信。

量子

"量子"一词来自拉丁语 quantus ，意为"有多少"，代表相当数量的某物质。量子是指物理量取值的最小单元，可以是电子、光子等构成物质的基本粒子。物理量的数值必须是量子的整数倍。

量子理论的基本内容

量子是一种非连续性波动的粒子，具有波粒二象性。首先，量子具有粒子性。量子同所有的粒子一样，具有一定的大小，其大小只有 10^{-15} 米。如果

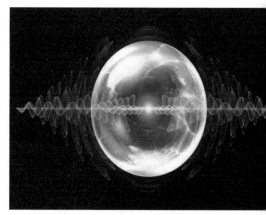

◆ 量子概念图

把细胞比作地球，那么量子只相当于地球上的一滴水。其次，量子还是高频能量波，量子本身具有每秒上亿次的高频振动能量波。

量子有两个重要特性：量子叠加和量子纠缠。

量子叠加

量子叠加指的是量子态可以叠加，因此量子信息也是可叠加的。

量子除了具有不可分割性，还具有不可复制的特性。要想复制一个事物，我们需要知道事物原本的状态，但是量子的状态极其脆弱，一旦测量，其状态就会发生改变，并与原来的量子不同。量子的不可复制性是量子通信安全性的保证，因为一旦有人想要窃听量子上的信息，量子的状态就已经发生变化，窃听者得到的量子信息就已经不是原来的量子信息了，这也是量子最神奇的地方。也就是说，量子在被测量前处于一种叠加态，即它既可以在 A 位置，也可以在 B 位置，你不能确定它在什么地方，只能用概率分析其位置。但是一旦你测量其状态，量子就会立刻选择在 A 位置或者在 B 位置，并且从此以后，量子的状态就确定了，这个过程叫作叠加态坍塌为本征态。

我们知道，电子围绕着原子核高速地移动，但其轨道是随机不确定的，于是人们画出电子云来表示电子出现在不同位置的概率。

量子的这种叠加态，也即不确定性和宏观世界是不一样的。如一个盒子里可以装桃子，也可以装梨子。那

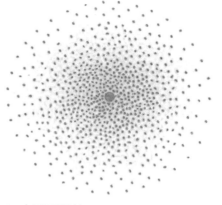

◆ 电子云图片

么，在宏观世界里，它装的要么是桃子，要么是梨子，不论是否打开这个盒子，都不影响里面放的物体，不同的人打开这个盒子都将看到相同的结果。但是量子的世界与此不同，盒子里既可能是桃子，也可能是梨子，而且我们的观测会影响盒子里最终出现的结果，不同的人打开盒子可能会出现不同的结果。

这里有一个经典的典故——薛定谔的猫。这是一个流传很广的有趣实验：一个盒子里有一只猫和少量放射性物质。这个放射性物质有一半的概率会衰变并放出毒气，猫被毒死；有一半的概率不会衰变，猫活下来。从宏观上看，猫不是死就是活，必然是其中的一种状态。但是量子系统处于叠加状态，盒子在没打开之前放射性物质就处于既可能衰变也可能没衰变的叠加态，那么猫就处于一种既死又活的状态。而打开

◆ 薛定谔的猫

盒子的时候，量子系统就坍塌为本征态，那么猫就从这种不死不活的状态中立刻成为活的猫或死的猫。

虽然当初这个试验是用来说明量子力学还存在不完备的地方，且与宏观情况下的常识有很多相违背的地方，但是这个试验也可以让大家体会到量子的神奇之处。

薛定谔的猫可以说非常生动地让我们看清了量子力学的本质——量子系统可处于不同量子的叠加态上。

量子纠缠

量子叠加不仅难以让人理解，其叠加状态还会导致量子纠缠。在量子力学中，当几个粒子在相互作用后，由于每个粒子拥有的特性在相互作用后已综合成一个整体，因此无法单独描述各个粒子的性质，只能描述整个系统的性质，我们把这种现象称为"量子缠结"或"量子纠缠"。

量子纠缠是一种只发生在量子状态的现象，无法

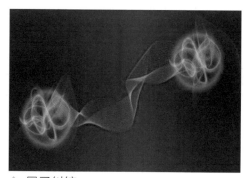

◆ 量子纠缠

在经典力学中出现。举个例子，在微观世界里，两个纠缠的粒子可超越空间进行瞬时的作用。

如将两个纠缠粒子中的一个粒子放在地球上，另一个粒子放在月球上，现在只要我们对地球上的那个纠缠粒子进行测量，如发现它的自旋方向为下，那么远在月球上的另一个纠缠粒子，它的自旋方向必然为上。

换句话说，具有纠缠态的两个粒子不管它们相距多远，只要其中有一个粒子发生变化，那么另外一个粒子也会瞬间发生变化。利用量子的纠缠特性，我们可以实现量子通信。

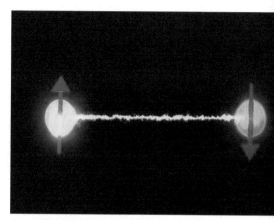

◆ 量子纠缠的两个粒子自旋方向相反

量子通信

量子通信是利用量子纠缠效应进行信息传递的一种新型通信方式。实现光量子通信：首先要构建一对具有纠缠态的粒子，并将一个粒子放在发送方，另一个放在接收方。接着要将具有未知量子态的粒子 C 与发送方的粒子进行联合测量，接收方的粒子会瞬间坍塌为某种状态，这个状态必然与发送方粒子此时的状态是对称的。比如，一个粒子为上旋，那么另一个粒子就为下旋。最后要将联合测量的信息通过经典信道发送给接收方，接收方收到信息后对坍塌的粒子进行逆转变换，那么这个量子就携带上了粒子 C 之前的量子态。也就是说这个通信实现了将一个粒子的未知量子态进行传送，接收方的粒子被制备到该量子态上。这个过程传送的是原物质的量子态而非原物质本身，发送方甚至可以对这个量子态一无所知，这个过程也叫作"量子隐形传态"。

量子隐形传态是一种全新的通信方式，有点类似于科幻电影中的星际穿越，它能借助量子纠缠这一量子特性，将未知的量子态传输到遥远的地点，而不需要传送物质自身。

1997 年，国际上第一次报道了"单一自由度量子隐形传态"的实验验证，该研究成果入选了"百年物理学 21 篇经典论文"。

2006 年，中国科学技术大学潘建伟院士团队

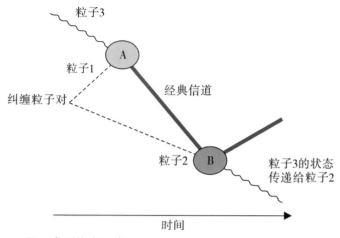

粒子3

A

粒子1

经典信道

纠缠粒子对

粒子2

B

粒子3的状态
传递给粒子2

时间

◆ 量子隐形传态示意图

实现了"两光子复合系统的量子隐形传态"实验；
2015 年，该团队又第一次在世界上成功实现了"单
光子多自由度的隐形传态"实验。

　　另一种量子通信的方式是利用量子的不可克隆性
质生成量子密码，这种方式可以给经典的二进制信息
加密，称为"量子密钥分发"。量子密钥分发可以为
通信建立极为安全的量子密码，它以一个个单独的光
子为载体，收发双方随机测量这些光子，选取双方采
取共同测量方式得到的那些结果，从而产生一组量子
密钥。

　　如果信息传输过程中，有人窃听就会使得测量的
错误增多，即误码率增加，当误码率超过一定的阈值
时，就可以判断信息被人窃听，从而放弃这组量子密
钥。传统密码学是通过提高数学算法的复杂程度来提
升密码的安全性，而量子密钥分发与传统密码学最大

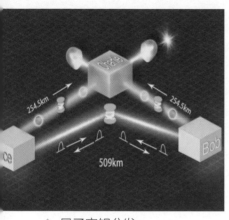

◆ 量子密钥分发

的区别是可以察觉到是否有人窃听，这个特性大大提升了通信的安全性。无论算法多么复杂，只要计算机的计算能力足够强，其设置的密码也总能被破解。量子信息技术的两大关键应用就是量子计算机与量子通信。若利用当前计算机破解复杂的密码，可能很难；但若使用量子计算机，则有可能只用几分钟就将其破解。而量子通信则并不担忧被破译，因为量子的不可复制性可以使收发双方时刻察觉是否有窃听者存在。

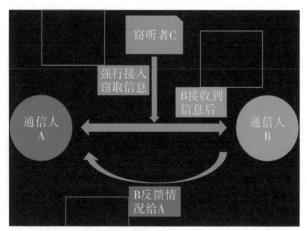

◆ 量子通信的不可窃听的密码

量子通信的发展历史

追溯量子通信的起源，我们还得从爱因斯坦的"幽灵"——量子纠缠的提出和实证开始说起。

在人类历史上，普朗克首次发现了量子，而爱因斯坦则第一个意识到量子的发现将要改写整个物理学的进程。

在西方科学界主流思想中，笛卡尔、牛顿等人认为：宇宙的各个组成部分彼此是相互独立的，它们之间的相互作用受到了时空的限制。而量子力学则认为：有着共同来源的两个微观粒子之间，存在着某种纠缠关系，不管这两个粒子相隔多远，都不受时空约束。只要一个粒子发生变化，另一个粒子也能感知，并立即做出相应的改变。换句话说，量子力学认为粒子之间存在着超距作用。

由于人们对量子纠缠产生怀疑，所以物理学家们一直试图通过实验来加以验证。1982年，法国物理学家艾伦·爱斯派克特和他的科研小组成功地完成了一项实验，此实验证实了微观粒子之间存在着一种叫作"量子纠缠"的现象，

◆ 法国物理学家艾伦·爱斯派克特于1982年实验证实量子纠缠

即任何两种物质或者粒子之间，不管距离有多远，都有可能产生相互影响，并且不受四维时空的约束。如今，量子纠缠已经被世界上许多科学家通过实验加以证实。

1993 年，美国科学家查理斯·贝内特在量子纠缠的基础上，提出了量子通信的全新概念。量子通信概念的提出，使量子纠缠开始运用于通信领域。

就在贝内特提出量子通信概念的同一年，贝内特与另外四个国家的五位科学家一起联名在《物理评论快报》上发表了一篇开创性的论文《经由经典和 EPR 通道传送未知量子态》。在这篇论文中，他们六人提出了"量子态隐形传输"的方案，即将原粒子的信息发向远处的另外一个粒子，该粒子在接收到这些信息后，就会变为原粒子的复制品，因此它所传输的是原粒子的量子态，而不是原粒子本身，传输结束以后，原粒子已不具备原来的量子态，而有了新的量子态。

从此，量子通信发展起来了。

1997 年，中国青年学者潘建伟与荷兰学者波密斯特等人合作第一

◆ 撰写《经由经典和 EPR 通道传送未知量子态》的六位科学家

次实现上述科学家的方案。当时还在奥地利留学的潘建伟与奥地利科学家赛林格，以及荷兰学者波密斯特等人一起，在世界上首次实现了量子态的隐形传送，成功地将一个量子态从甲处的光子传送到乙处的光子。

他们的研究成果被誉为"量子信息实验领域的突破性进展"，美国《科学》杂志也将其列为当年度"全球十大科技进展"。

2012年，潘建伟等人在国际上首次实现百公里量级的自由空间量子隐形传态和纠缠分发，此举为发射全球首颗量子通信卫星奠定了基础。

2016年8月16日1时40分，我国在酒泉卫星发射中心用长征二号运载火箭成功地将世界上第一颗量子科学实验卫星"墨子号"发射升空。此次卫星的成功发射，标志着我国空间科学技术研究迈出了重要的一步。

"墨子号"

"墨子号"于2017年1月18日正式开展科学实验，其科学目标主要有三个。其一是地星高速量子密钥分发。其传输效率相比地面光纤信道得到了极大幅度的提升。通过量子态的传输，让分隔两地的用户无条件地共享安全密钥，对信息进行一次一密的加

◆ "墨子号"成功升空

密方式。其二是地星量子隐形传态。"墨子号"量子隐形传态实验采用了地面发射纠缠光子,天上接收的方式。卫星过境时与海拔5100米的西藏阿里地面站建立光链路,实验通信距离从500千米到1400千米,所有6个待传送态均以大于99.7%的置信度超越经典极限。量子纠缠被爱因斯坦称为"鬼魅般的超距作用",这也是量子力学中最神奇的现象之一。一个粒子的状态发生变化,与之纠缠的另一个粒子的状态就会立马发生变化,这跨越了空间的限制,所以给人一种鬼魅般的感觉。其三是地星量子纠缠分发,实现大尺度量子非定域性检验。量子纠缠源制造出一对对处于纠缠态的光子,然后通过量子纠缠发射机把光子分别发射到两个地面站。

"墨子号"的三大预定科学实验任务完成后,在2018年又与奥地利科学院合作,首次实现了北京和维也纳相距约7600千米的洲际量子保密通信。

中国在量子通信领域取得了骄人的战绩,正如《自

◆ "墨子号"

然》周刊的评论："中国在量子通信领域内，已从十年前不起眼的国家发展为现在的世界劲旅，并将领先于欧洲和北美。"

　　我们欣慰地看到，中国正在量子通信领域悄然崛起！

6.3
信息高速公路

高速公路大家都知道，就是在这个路段上没有红绿灯，汽车可以快速地在上面行驶。那么什么是"信息高速公路"呢？

信息高速公路的"路面"不是沥青路也不是柏油路，而是光纤电缆；这条路上高速"行驶"的不是汽车，而是各种多媒体信息，如文字、语音、图像、视频等。信息高速公路实际上就是一个高速的信息传输网络，它的速度能达到我们当前网络速度的1万倍，一条信道的容量可以实现传输500个电视频道或50万路电话。

信息高速公路，其正式名称是"国家信息基础设施"。高速计算机通信网络及其相关系统，将政府机构、科研单位、企业、商户、学校、家庭等连接起来，通过计算机、网络电视等终端设备，实现信息快速的传递和获取，实现资源的共享。

信息高速公路的组成

信息高速公路的组成首先包括传输多媒体信息的

物理设备；其次是在这种高速公路上传输的各种信息，如经济、社会、文化、科学的信息和文字、图形、声音、视频等多种数据形式；最后是要有传输的协议和网络标准，以实现不同网

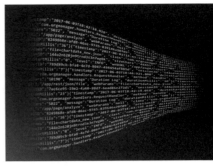

◆ 信息高速公路

络之间的互相连接，保证资源的共享以及安全。可以看出，信息高速公路涉及信息科学领域中的许多技术，如计算机、通信、信息处理等。

早在 1955 年，美国就曾提出"州际高速公路"议案，计划建立 7 万多千米、连通美国各州的高速公路。高速公路会缩短人们旅行的时间，方便人们的出行，也会加快一些货物的运输速度，对于国家的经济繁荣也有积极的作用。

1992 年，美国国会议员克林顿在一次总统竞选演讲中首先提出了"信息高速公路"概念，主张把全美的公用信息库、信息网络连结在一起，形成一个全国性的大网络，各个机构和家庭都连上这个大网络，从而可以方便地获取和传递信息。

1993 年 9 月，美国政府提出了"国家信息基础设施行动计划"。它的目标是让所有人都可以通过信息高速公路进行联机通信，实现信息共享。

信息高速公路具有巨大的社会经济效益。例如，居家办公不仅可以节省交通时间，减少车辆的使用次数，还能减少汽车尾气的排放量等；而远距离教学和医疗诊断则可以整合优质资源，为人们节约大量的时间和金钱，实现教育均衡发展和提升人们的健康水平。

信息高速公路向我们展示了一幅诱人的画卷，可视电话、网络购物、居家办公、远程教育、远程医疗诊断等都将深刻改变人们生活和工作的方式，成为促进社会进步的新动力。正如在过去交通不发达的年代，某些地区生产的粮食在仓库里霉烂，却又有成千上万的人被饿死。这种悲剧在交通发达的时代已经不会发生。今天一方面有人渴求知识和信息，另一方面大量的资料却闲置无人问津，而信息高速公路恰恰可以实现大量资源和信息的共享。信息高速公路的开发和建设不仅对我们的学习、生活和工作带来极大的影响，而且对整个国家的经济发展也具有重大意义，所以很多国家都很重视信息高速公路的建设。

数字地球

数字地球是信息高速公路的一个重要应用。数字地球就是把关于地球、地球上的活动以及环境等信息用数字的形式存入计算机，用数字化重现地球以及地球的各种现象，并用海量的地球信息对地球进行多种

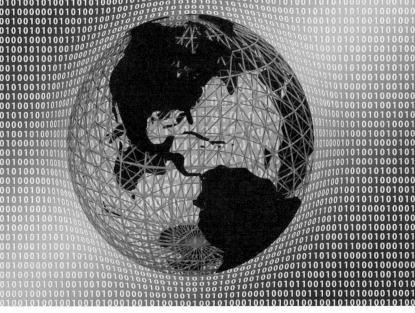

◆ 数字地球

类的三维描述，从而为人类的生存和生活服务。

　　数字地球用到的关键技术有五种。一是虚拟技术，它可以让用户身临其境地感受地球的每个角落。带上虚拟头盔，你可以看到一片大陆，走进城市、乡村、街道、自然景观和人造景观；你也可以走进一个商店，去挑选各式各样的商品；你还可以走进一个图书馆，看到各种正在展示的书籍。二是定位技术。当用户带上相应的卫星导航设备，你的活动就可以在数字地球中进行定位并显现。三是遥感技术（RS），它可以从外层空间接受地球表层各类地物的电磁波信息，对这些信息进行相应处理后，对地表各类地物和现象进行远距离测控和识别。四是卫星采样，它可以从卫星图像中获取需要的信息应用于农业、交通等多方面。五是 GIS，即地理信息系统，它可以用于获取地球表层的地理分布数据。

数字地球有很多方面的运用，比如，监测全球气候的变化等。如今，气候变化对人类的影响越来越不可忽视，对极端天气、全球变暖、冰川消融、海平面上升、旱涝灾害等方面进行监测，可以让我们防患于未然，做出灾害预测和防御。

再比如，我国现在的农业是比较粗放的，不论是化肥农药还是水的使用都不够合理，那么数字地球就可以帮助我们实现农业的精细化。我们在计算机终端上看到卫星送来的庄稼生长情况的影像后，可以更加合理地分配和使用农药、化肥和水，从而实现绿色农业。

另外，房地产公司可以将房子的信息链接到数字地球上，让买家浏览；旅游景点也可以把酒店、风景图片等放到数字地球上；图书馆可以把馆藏的书目以声音、影像的方式录入数字地球；商店也可以将自己的商品放入数字地球，供用户挑选。

以上种种皆是数字地球的应用。地球上的信息量如此的庞大，要传输、存储和处理这海量的信息就需要建设信息高速公路，而这个目标正在渐渐地实现。